国家示范性职业学校项目化精品系列教材

园林植物保护技术

YUANLIN ZHIWU BAOHU JISHU

张雅玲　张　伟　主编

中国农业出版社
北　京

内容简介

本教材是国家示范性职业学校项目化精品系列教材之一，是全国中等职业学校园林绿化、园林技术专业的技能方向课程教材。

本教材打破传统学科体系教材的编写模式，以“项目引领、任务驱动”为依据，按照“项目—任务”的形式进行编写，全书由3个项目、11个任务组成。编写中突出岗位技能，注重体现工学结合、校企合作的教学需要。每一项目均设置了引例描述、教学导航、项目小结、项目拓展等栏目，以强化学生技能，培养学生能力。

本教材以园林植物保护工作中具有代表性的真实工作项目作为学习项目，选取了园林杂草防治、园林害虫防治、园林植物病害防治3个项目。学生通过3个项目的实施和学习，掌握园林病虫草害的识别、调查、防治方案制定、综合防治等知识和技能。

本教材可作为中等职业学校园林绿化、园林技术专业的教材，也可作为相关专业的教师、农业技术人员的培训教材。

国家示范性职业学校项目化精品系列教材

本书编审人员

主　编　张雅玲　张　伟

副主编　王学山　李　烨　所美群

参　编　石锁柱　孙　波　杨丽芬　朱兰芬　刘志洲

审　稿　陈显刚

前言

园林植物保护技术课程是中等职业学校园林绿化、园林技术等专业的技能方向课程。随着城市园林建设的不断发展，“绿色植保”理念越来越受到重视；同时伴随职业教育改革的不断深化，原有教材已不能完全适应职业学校培养技术技能人才的要求，需要进一步开发、选取、整合。基于此背景，编者编写了本教材。

园林植物保护技术课程设立会诊断识别、会分析原因、会制定防治方案、会组织实施的“四会”课程目标，按照植保工作过程将内容划分为病虫草害识别、病虫草害调查统计、病虫草害防治方案制定、病虫草害综合防治4个学习情境。在教材设计上，本教材选择园林植物病虫草害防治工作中具有代表性的真实工作项目作为学习项目，开发园林杂草防治、园林害虫防治、园林植物病害防治3个项目，将学习和工作联系起来。每个项目按照学习情境划分不同学习任务，根据完成任务所需要的知识、技能选择教学内容。

本教材按照园林职业岗位能力要求，突出职业性、实践性和开放性的职教特点，并注意与园林植保工职业技能鉴定考核要求相结合。在编写过程中力求在两个方面有所突破：一是本着服务区域经济的目的，重点选择园林植物上的常发病虫草害；二是以工作过程为主线，以岗位能力要求为依据编写教材，突出职业能力培养。

本教材在编写过程中得到了吉林省德源园林绿化工程有限公司、长春林海园林绿化责任有限公司、长春市绿园区园林管理处、长春市九台区园林管理处等单位的大力支持，在此表示由衷的感谢！由于编者水平有限，不足之处在所难免，恳请广大读者和同行批评指正。

编　者

2020年2月

目录

园林杂草防治

引例描述

在某学校教学楼北侧有一片供师生休闲、娱乐用的园林绿地，但每逢雨季来临便会杂草泛滥，严重影响绿地观赏效果。为此学校绿化办公室除在春季杂草萌发前组织喷洒除草剂外，还多次进行大规模集中清除杂草活动，取得明显的效果。

防除杂草是园林植物栽培养护工作的重要环节之一，也是园林植物保护的重要内容。园林杂草防除需要因地、因时合理选择人工除草、机械除草和化学除草等方法。

教学导航

学习目标	• 知识目标 1. 熟悉田间杂草的主要种类特征； 2. 明确杂草的发生特点； 3. 掌握园林杂草的综合防治措施； 4. 掌握农药使用的一般程序和技术要求； 5. 明确农药标签的作用和主要内容 • 能力目标 1. 能正确进行田间杂草种类调查； 2. 能识别田间常见杂草； 3. 会通过网络、图书等途径查询相关信息； 4. 能依据调查结果，制定苗圃杂草的综合防治方案； 5. 会熟练进行人工除草； 6. 会使用除草机清除杂草； 7. 能根据杂草优势种类正确选择除草剂种类； 8. 能正确配制药液并完成药剂土壤处理和茎叶处理； 9. 能辨别常用农药剂型的外观质量
项目重点	1. 常见杂草识别； 2. 假劣农药识别； 3. 除草剂药液配制与施用
项目难点	1. 杂草识别； 2. 除草剂的定向喷雾
学习方法	任务驱动法
建议学时	20～24 学时

任务1　苗圃地杂草种类调查

一、任务描述

2021年5月，某学校在新校区规划了占地2.5万m^2的园林苗木生产实训区，用于实生育苗、扦插育苗、嫁接育苗、苗木假植等苗木生产和实习实训。为确保苗木健壮生长，需要对苗圃地杂草进行调查，了解苗圃地杂草种类及其发生特点、分布状况，从而确定杂草优势种类，为制定行之有效的杂草防除方案提供依据。

二、任务分析

苗圃地杂草具有繁殖快、抗逆性强、竞争力强等特点，会直接影响苗圃地苗木的生长和发育。但杂草种类不同，其生长习性不同，所采用的防治方法不同，使用的除草剂种类也不同，所以做好杂草种类的调查是搞好杂草防除的基础。

苗圃地杂草种类调查一般包括准备工作、样地调查和数据统计。如果在调查中遇到不能确定的杂草种类，还需要采集杂草标本带回室内，经鉴定后，再进行数据统计，最后撰写调查报告。杂草种类调查工作可按照以下步骤进行：

调查前准备 → 样地调查 → 数据统计 → 撰写调查报告

三、任务准备

完成任务需要做如下准备：数码相机、采集袋、剪枝剪、小铁铲、标签、调查表、记录笔、放大镜、计算器、电子秤等（图1-1）。

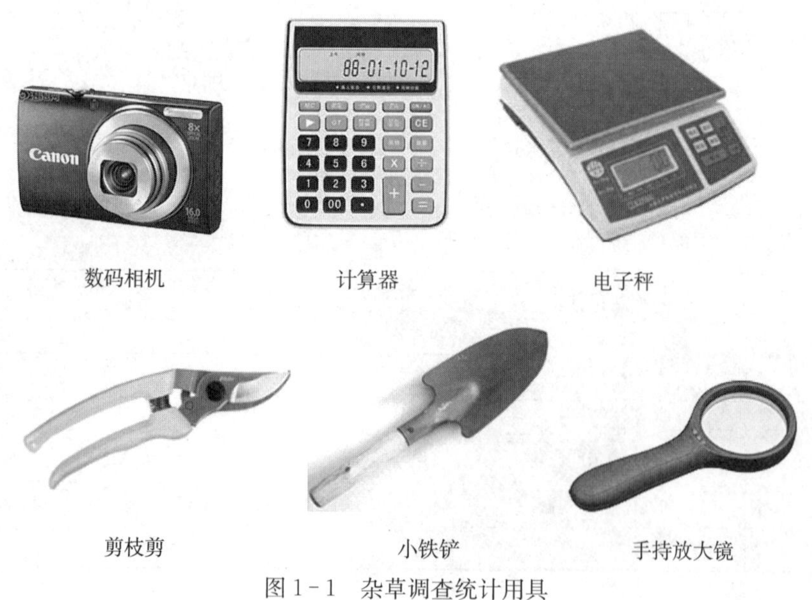

图1-1　杂草调查统计用具

四、任务实施

该任务工作程序包括调查前准备、样地调查、数据统计、撰写调查报告。具体步骤如下所述。

（一）调查前准备

主要环节：拟定调查计划→确定调查方法→制作调查用表。具体操作如下所述。

1. 拟定调查计划 了解苗圃地近年杂草发生情况，查阅近期天气情况，确定调查时间、调查内容。

2. 确定调查方法 以校园苗圃地作为样地，采用棋盘式取样法（图1-2），选取10个样点，每个样点面积为0.25m^2。调查每个样点内的杂草种类、数量及质量。

3. 制作调查用表 根据调查目的，确定调查项目，制作苗圃地杂草种类调查表（表1-1）。表格中应注明调查时间、调查地点、调查人等信息和各样点的杂草株数、种类等信息。

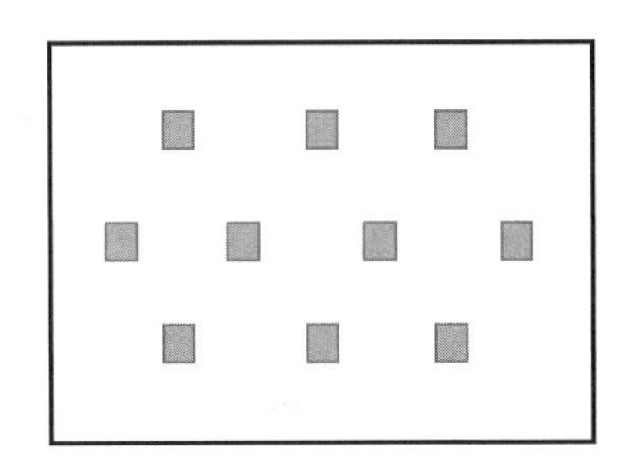

图1-2 棋盘式取样

表1-1 田间杂草调查

调查时间：________ 调查地点：________ 调查人：________

样点号	杂草1		杂草2		杂草3		…		杂草n	
1	株数	质量/g	株数	质量/g	株数	质量/g	株数	质量/g	株数	质量/g
2										
3										
…										
10										
合计										

（二）样地调查

主要环节：确定样点→采集数据→填写调查表。具体操作如下所述。

1. 确定样点 在苗圃地棋盘式选取10个样点，每个样点长、宽各0.5m。注意不可主观挑选样点，同时还应避免在田边取样，因为田边环境条件和杂草生长情况往往与田中差别较大而缺乏代表性。

2. 采集数据 将每个样点内的杂草取出，进行种类鉴别，并统计杂草种类、数量、质量等。当出现不能辨认的杂草时，可将杂草分样点采集，然后在室内借助图谱、检索表等工具书籍，或进入教学资源库、利用植物识别软件等进行杂草种类鉴定。

3. 填写调查表 将每个样点的调查结果记入设计好的调查记载表中。

（三）数据统计

主要环节：统计计算→确定杂草优势种。具体操作如下所述。

1. 统计计算

（1）密度计算：

$$\text{密度}(D) = \text{样点中某种杂草的株数}$$

$$\text{相对密度}(D') = \frac{\text{某种杂草的密度}}{\text{所有杂草密度之和}} \times 100\%$$

（2）频度计算：

$$\text{频度}(F) = \frac{\text{某种杂草出现的样点数}}{\text{调查样点数}} \times 100\%$$

$$\text{相对频度}(F') = \frac{\text{某种杂草发生频度}}{\text{所有杂草发生频度之和}} \times 100\%$$

（3）质量计算：

$$\text{质量}(W) = \text{样点中某种杂草的质量}$$

$$\text{相对质量}(W') = \frac{\text{某种杂草的质量}}{\text{所有杂草质量之和}} \times 100\%$$

2. 确定杂草优势种 杂草优势种应根据调查内容来综合判断，一般通过重要值确定：

$$\text{重要值} = (D' + F' + W')/3$$

此值说明杂草在田间杂草群落中所处的优势地位。

（四）撰写调查报告

调查报告主要内容包含调查目的、调查方法、调查内容和调查结果。

注意：调查内容与调查方法要科学合理，符合实际情况。书写方式为文字与图、表结合，能用图、表表示的内容，尽量用图、表表示。

五、任务总结

通过调查前准备、样地调查、数据统计、撰写调查报告4个步骤完成苗圃地杂草种类调查任务，获得该学校园林苗圃地杂草发生种类、数量等实地调查数据，并完成苗圃地杂草种类调查报告。

六、知识支撑

（一）苗圃地常见杂草

园林杂草根据其生物学特性可分为一年生、二年生和多年生。一年生杂草进行有性繁殖，种子越冬，次年春天萌发，当年开花结果，生命周期为一年；二年生杂草也进行有性生殖，种子当年秋季萌发，次年开花结果，生命周期为两年；多年生杂草有无性和有性两种繁殖方式，大多一年多次开花结果，生命周期长。园林杂草种类很多，根据杂草的主要形态特征和生物学特征，这里仅介绍常见的园林杂草种类。

1. 刺儿菜 别名小蓟、刺蓟。菊科，多年生双子叶杂草。具匍匐根。茎直立，株高30～50cm，有棱，上部疏具分枝。叶互生，无柄，椭圆形或长椭圆形、披针形，叶缘有硬刺，正反面有丝状毛。头状花序着生于茎顶，雌雄异株，雌花序较雄花序大，总苞片多层，先端有刺。花冠紫红色，全为管状花。瘦果椭圆形或长卵形，略扁平，淡黄至褐色，冠毛羽状，白色（图 1－3）。

2. 苣荬菜 别名苦荬菜、曲荬菜、南苦苣菜。菊科，多年生双子叶杂草。具地下匍匐茎，株高 60～90cm，地上茎直立。全株具乳白色汁液。基生叶丛生，有短柄；茎生叶互生，无柄，长圆状披针形，边缘有稀疏缺刻或羽状浅裂，缺刻或裂片上有尖齿。头状花顶生，花序梗与总苞均被白色绵毛，全部为舌状花，黄色。总苞钟状，苞片卵形、三角形。瘦果长卵形，边缘狭窄，有纵条纹（图 1－4）。

3. 荠 别名地米菜、荠菜。十字花科，一年生或二年生双子叶杂草。株高 20～60cm，直立，多分枝，具短毛及星状毛。基生叶丛生，平铺地面，大羽状分裂，裂片有锯齿，具长叶柄，茎生叶狭披针形，基部抱茎，边缘有缺刻或锯齿。总状花序多顶生，少数腋生，花白色，有长梗。短角果倒三角形，扁平，种子 2 行，长椭圆形，淡褐色（图 1－5）。

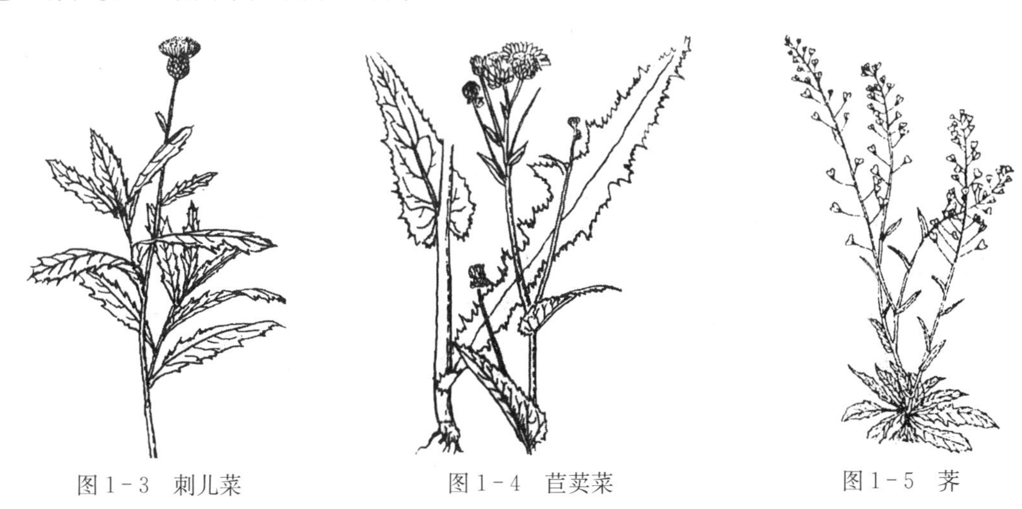

图 1－3 刺儿菜　　图 1－4 苣荬菜　　图 1－5 荠

4. 小藜 别名灰菜。藜科，一年生双子叶杂草。株高 60～120cm，茎直立，多分枝，圆柱形，具纵棱。叶卵形至宽披针形，互生，具长柄，叶基部宽楔形，叶缘具不整齐锯齿，叶背生有粉粒，灰绿色。花两性，顶生或腋生，花簇聚成密或疏的圆锥花序，花小，黄绿色（图 1－6）。

5. 蒲公英 别名婆婆丁。菊科，多年生双子叶杂草。株高 20～40cm，全草有白色乳汁。根肥厚，圆锥形。叶莲座状平展，倒卵状披针形、倒披针形或长圆状披针形，先端钝或急尖。边缘有时具波状齿或羽状深裂，有时倒向羽状深裂或大头羽状深裂。顶端裂片较大，三角形或三角状戟形，全缘或具齿。每侧裂片 3～5 片，裂片三角形或三角状披针形，通常具齿，平展或倒向，裂片间常夹生小齿，基部渐狭成叶柄。头状花序，总苞片上部有鸡冠状突起，全为舌状花组成，黄色。瘦果有 6～8mm 的喙，冠毛白色（图 1－7）。

6. 反枝苋 别名苋菜、野苋菜。苋科，一年生双子叶杂草。株高 80～100cm，茎直立，稍有钝棱，密生短柔毛。叶丛生，有柄，叶片倒卵形或卵状披针形，先端钝尖，叶脉明显隆起。花簇多刺毛，集成稠密的顶生和腋生的圆锥花序，苞片干膜质。胞果扁，小球形，淡绿色。种子倒卵圆形，表面光滑，黑色有光泽（图 1－8）。

7. 牛筋草 别名蟋蟀草。禾本科，一年生单子叶杂草。株高 9～15cm，秆扁平，分蘖多铺散成盘状，坚韧不易拔断。叶条形，叶面有极稀的长毛，叶舌极短。穗状花序 2～7 枚，指状排列于秆顶。小穗无柄，有花 4～6 朵，成 2 行，紧密着生于宽扁穗轴之一侧。颖果三角

图1-6 小 藜

图1-7 蒲公英

图1-8 反枝苋

状卵形，有明显的波状皱纹（图1-9）。

8. 狗尾草 别名谷莠子。禾本科，一年生单子叶杂草。成株高30～60cm。茎直立丛生或基部膝曲。叶鞘圆形，松弛包茎。叶片线性或线状披针形，两面有细毛，边缘有刺毛。花序圆锥形，穗轴多分枝，每枝生数小穗，密集成球状。颖果长椭圆形，扁平，表面密集点状突起，排列成细条纹，浅灰色或黄绿色（图1-10）。

9. 马唐 别名抓根草、万根草、鸡爪草。禾本科，一年生单子叶杂草。株高40～100cm。茎秆基部倾斜或横卧，着土后易生根或具分枝，光滑无毛。叶鞘松弛包茎，叶舌膜质，叶片条状披针形。总状花序3～10枚，上部互生或指状着生于秆顶，小穗披针形，通常孪生。颖果椭圆形，淡黄色或灰白色，脐明显，长约为颖果的1/3（图1-11）。

图1-9 牛筋草

图1-10 狗尾草

图1-11 马 唐

（二）园林杂草调查

1. 调查目的 了解某个区域园林绿地杂草种类的特点、分布状况，确定田间杂草优势种、杂草群落或杂草组合。

2. 调查方法 在进行园林杂草调查时，不可能逐株进行调查，只能从中抽取一部分用来代表一般情况和估算总体情况，那些被抽取的部分称为样地（标准地）。样地选取的好坏，直接关系到调查结果的可靠性，必须注意其代表性，使其能正确反映实际情况。

（1）调查样地。选择代表性田块作为样地进行实地调查，每一样地与所代表的绿地面积比为1/20～1/10。在调查样地中，样点的选取多采用对角线取样法或棋盘式取样法。

（2）样点数量。样点的多少直接关系到估值的准确性，也就是说样点的多少与样点误差有关，即样点越多，误差越小。

（3）样点面积。传统取样面积一般为0.11m^2，现在建议的取样面积为0.25m^2。实际调查中，一般根据调查目的、调查内容的具体要求及田间杂草密度的大小来选择适当的样点面积，即田间杂草密度大时样点的面积就小些，密度小时面积就要大些。

3. 数据处理

密度（D）：单位面积或样点中某种杂草的株数。

相对密度（D'）：一个种的密度占所有杂草种密度之和的百分比。

盖度（C）：杂草地上部分在地上的垂直投影面积占样点面积的百分比。

相对盖度（C'）：一个种的盖度占所有杂草种盖度之和的百分比。

高度（H）：单位面积或样点中某种杂草的株高。

相对高度（H'）：田间杂草的高度相当于作物高度的百分比。

质量（W）：单位面积或样点中某种杂草的鲜重或干重。

相对质量（W'）：一个种的质量占所有杂草种质量之和的百分比。

频度（F）：某种杂草出现的样点数占所有调查样点数的百分比。

相对频度（F'）：一个种在田间的发生频度占所有杂草种发生频度之和的百分比。

4. 调查优势种的确定

$$\text{重要值}=（D'+C'+H'+W'+F'）/5$$

此为5个指标的重要值，此值说明各种杂草在田间杂草中所处的地位。也可用4个指标或3个指标来进行判断。调查杂草优势种对于选择除草剂实施化学除草具有重要意义。

七、任务训练

（一）知识训练

1. 单选题

（1）现在园林绿地杂草调查一般采用的取样面积为（　　）。

A. 0.01m^2　　B. 0.11m^2　　C. 0.25m^2　　D. 1.00m^2

（2）某种杂草出现的样点数占所有调查样点数的百分比称为（　　）。

A. 密度　　B. 盖度　　C. 频度　　D. 重要值

（3）苗圃地棋盘式取样通常选取（　　）个样点。

A. 4　　B. 7　　C. 10　　D. 13

（4）杂草重要值可以用来确定田间杂草的（　　）。

A. 优势种　　B. 密度　　C. 频度　　D. 盖度

（5）（　　）属于单子叶杂草。

A. 小藜　　B. 反枝苋　　C. 荠　　D. 狗牙根

（6）（　　）属于双子叶植物。

A. 牛筋草　　B. 马唐　　C. 蒲公英　　D. 狗尾草

(7) 荠属于（　　）。

A. 菊科　　B. 蓼科　　C. 锦葵属科　　D. 藜科

(8) 果实外具钩状刺，可借人与动物活动传播的杂草是（　　）。

A. 刺儿菜　　B. 苍耳　　C. 牛筋草　　D. 马唐

(9) 具有地下匍匐根的杂草是（　　）。

A. 苣荬菜　　B. 苘麻　　C. 小飞蓬　　D. 小藜

(10)（　　）以种子越冬，次年春天萌发，当年开花结果。

A. 刺儿菜　　B. 苣荬菜　　C. 苍耳　　D. 小藜

2. 判断题

(1)（　　）做好杂草种类的调查是搞好杂草防除的基础工作。

(2)（　　）对调查中不能确定的杂草种类，可忽略不计。

(3)（　　）确定样点时，应避免在田边取样。

(4)（　　）多年生杂草进行无性繁殖，一年多次开花结果，生命周期长。

(5)（　　）样点面积可根据调查目的、调查内容及田间杂草密度情况适当调整，一般田间杂草密度大时样点应大些，反之应小些。

(6)（　　）植物检索表是用来鉴定植物种类的。

(7)（　　）样点的多少直接关系到估值的准确性，也就是说样点的多少与样点误差有关，即样点越多，误差越大。

(8)（　　）在进行园林杂草调查时，那些被抽取的部分称为样地。

(9)（　　）进行实地调查，每一样地与所代表的绿地面积比为1/20～1/10。

(10)（　　）杂草重要值越高，说明此种杂草在田间杂草群落中所处的地位越高，优势越明显。

3. 填空题

(1) 可以用来判断杂草优势种的5个指标是（　　）、（　　）、（　　）、（　　）和（　　）。

(2) 园林杂草种类调查通常采用（　　）、（　　）取样方法。

(3) 调查报告主要写明（　　）、（　　）、（　　）和（　　）。

(4) 园林杂草种类调查可分为（　　）、（　　）、（　　）和（　　）4个步骤。

4. 问答题

(1) 田间杂草种类调查的目的是什么？

(2) 在园林苗圃地杂草种类调查中，重要值排在前五的杂草是哪些？

(3) 在杂草样地调查取样时应注意哪些问题？

(4) 园林杂草根据其生物学特性可分为哪3类？各具有哪些特点？

（二）技能训练

任　务　单

任务编号	1-1
任务名称	户外健身场地杂草种类调查
任务描述	在××学校东侧建有占地 $1hm^2$ 的户外健身场地，场地内安置了大量体育健身器材和拓展训练设备，作为学生健身体验和中小学教师户外拓展训练之用。在健身场地四周常有杂草滋生，影响环境，为避免杂草泛滥，需要进行杂草种类调查，以便实施有效的杂草防除措施
计划工时	2
完成任务要求	1. 调查计划制定合理可行； 2. 对照调查计划，调查前准备工作充分； 3. 调查方法选择正确； 4. 调查用表设计规范、简便； 5. 样地调查细心，采集数据准确； 6. 能借助图谱、检索表及网络等工具鉴定出未知杂草种类； 7. 杂草种类、数量统计无误，密度、频度、质量计算结果正确； 8. 调查报告体例规范，文辞恰当
任务实现流程分析	1. 调查前准备； 2. 样地调查； 3. 数据统计； 4. 撰写调查报告
提供素材	数码相机、小铁铲、剪枝剪、放大镜、计算器、电子秤、调查表、记录笔、图谱等

实　施　单

任务编号	1-1
任务名称	户外健身场地杂草种类调查
计划工时	2
实施方式	小组合作□　独立完成□
实施步骤	

任务考核评价表

<table>
<tr><td>任务编号</td><td colspan="5">1-1</td></tr>
<tr><td>任务名称</td><td colspan="5">户外健身场地杂草种类调查</td></tr>
<tr><td rowspan="15">考核要点</td><td>考核内容
（主要技能点）</td><td>标准分
（100）</td><td>自我评价</td><td>小组评价</td><td>教师评价</td></tr>
<tr><td>制定调查计划</td><td>5</td><td></td><td></td><td></td></tr>
<tr><td>确定调查方法</td><td>5</td><td></td><td></td><td></td></tr>
<tr><td>制作调查表</td><td>10</td><td></td><td></td><td></td></tr>
<tr><td>准备调查用具</td><td>5</td><td></td><td></td><td></td></tr>
<tr><td>选定调查样点</td><td>10</td><td></td><td></td><td></td></tr>
<tr><td>确定样点面积</td><td>10</td><td></td><td></td><td></td></tr>
<tr><td>杂草种类识别</td><td>10</td><td></td><td></td><td></td></tr>
<tr><td>调查数据记载</td><td>5</td><td></td><td></td><td></td></tr>
<tr><td>调查数据统计</td><td>10</td><td></td><td></td><td></td></tr>
<tr><td>工具清理返还</td><td>5</td><td></td><td></td><td></td></tr>
<tr><td>撰写调查报告</td><td>5</td><td></td><td></td><td></td></tr>
<tr><td>工作态度</td><td>5</td><td></td><td></td><td></td></tr>
<tr><td>小组配合表现</td><td>10</td><td></td><td></td><td></td></tr>
<tr><td>问题解答</td><td>5</td><td></td><td></td><td></td></tr>
<tr><td>合计</td><td colspan="2"></td><td></td><td></td><td></td></tr>
<tr><td>综合成绩</td><td colspan="5">任课教师（签字）：
年　月　日</td></tr>
</table>

任务2　苗圃地杂草防治方案制定

一、任务描述

依据苗圃地杂草种类调查结果，结合优势杂草种类的生长发育规律，制定苗圃地杂草防治方案。

二、任务分析

园林苗圃地杂草防治方案的制定要以苗圃地杂草种类调查结果为依据，并结合园林苗圃种植规划，通过资料查询、起草苗圃地杂草防治提纲、组织讨论提出修改意见、撰写杂草防治方案等环节来完成：

查阅资料 → 起草防治提纲 → 讨论修改 → 撰写防治方案

三、任务准备

完成此任务应提供多媒体计算机室、互联网及课程网站。

四、任务实施

此项任务需要完成资料查询、起草防治提纲、讨论修改及撰写防治方案4项工作。

（一）资料查询

主要通过查阅教材、书刊和浏览课程网站等途径，查询本地优势杂草种类的生长发育特点，杂草综合防治方案案例，园林杂草综合防治措施，苗圃地栽培植物的生物学特性、栽培技术及对除草剂的敏感性等所需资料。

（二）起草防治提纲

仔细阅读所查询的资料，在园林杂草综合防治措施的基础上，根据该学校园林苗圃地杂草发生种类，特别是优势种类的生长发育特点，结合栽培植物生长特性和栽培管理技术要求，有针对性地选择杂草防治措施，起草苗圃地杂草防治提纲。

（三）讨论修改

针对苗圃地杂草防治提纲，集体讨论提纲中各项防治措施选择的合理性和必要性，并提出修改意见，同时对每一项措施进行细化，使之具有可操作性。

（四）撰写防治方案

根据讨论结果，修改并完善园林苗圃地杂草防治内容，撰写该学校园林苗圃地杂草综合防治方案。

五、任务总结

依据苗圃地杂草种类调查结果，通过资料查询、起草苗圃地杂草防治提纲、展开讨论、提出修改意见、制定苗圃地杂草防治方案等环节，完成苗圃地杂草防治方案，并上报学校相关部门。

六、知识支撑

（一）园林杂草发生特点

由于与栽培植物长期共生，加之漫长的自然选择，杂草具有许多栽培植物不具备的特殊生物学特性。了解杂草的生物学特性，可以掌握杂草发生规律，从而采取有效防治措施，减少杂草危害。园林杂草的发生特点如下所述。

1. 产生大量种子 杂草一生能产生大量种子繁衍后代，如一株马齿苋一生可产生2万～30万粒种子。如果苗圃内没有实施很好的除草措施，一般很难除尽杂草。

2. 繁殖方式复杂多样 有些杂草不但能产生大量种子，而且还具有无性繁殖能力，杂草的无性繁殖分为根蘖类（如苣买菜、刺儿菜）、根茎类（如牛毛毡、眼子菜）、匍匐类（如狗牙根）、须根类（如狼尾草）、球茎类（如慈姑）等。

3. 传播方式多样 杂草的种子或果实有容易脱落的特性，有些杂草种子具有适应散布的结构或附属物，借外力可传播很远，分布很广。如蒲公英的种子长有长绒毛，牛毛草的种子小而轻，苍耳的种子有钩刺等。

4. 种子具有休眠性 很多杂草种子成熟后不能立即发芽，而要经过一定时间的休眠期才能发芽，这是一种长期自然选择的结果。假如没有休眠特性，很多杂草种子在秋季成熟后，由于条件适宜，一落地就发芽出苗，而进入冬季遇上不良气候，因来不及抽穗结实就被冻死，这样就会带来“灭种之灾”。还有不少杂草的种子一般情况下发芽率不高，这也是杂草保存生命的一种特性。如果杂草种子发芽率高，发芽整齐，那就很容易被一次中耕全部消灭掉，但事实上杂草种子出苗很不整齐，即使被消灭一批，它会再出一批，很难除尽。

5. 种子寿命长 杂草种子在土壤中的寿命是很长的。蒲公英、看麦娘、牛筋草的种子存活期在5年以内，金色狗尾草、繁缕的种子可存活10年以上，狗尾草、马齿苋、龙葵、车前草的种子可存活30年以上，反枝苋、豚草的种子可存活40年以上。杂草种子的“高寿”对于保存种源、繁殖后代具有十分重要的意义。

6. 出苗、成熟期参差不齐 大部分杂草出苗不整齐，如荠除最冷的1～2月和最热的7～8月以外，一年四季都能出苗、开花，并且一边开花，一边结实，因而种子成熟期也不整齐。由于杂草开花、种子成熟的时间延续很长，早熟的种子早落地，晚熟的种子晚落地，因此种子在田间的休眠、萌发也很不整齐。

7. 竞争能力强 大多数杂草利用光、水、肥的能力比栽培植物强，所以生长快。在土壤含水量低的情况下，大部分杂草比栽培植物更为耐旱。在草害严重发生的情况下，施肥只会促进杂草生长，加重杂草危害。

8. 适应性和抗逆性强 杂草对环境的适应性和抗逆性比栽培植物强，在干旱等不良环境中仍能生存。有的杂草种子能够休眠不出苗，或缩短生育期提早开花结实，以保证其种群的繁衍。

9. 具有多种授粉途径 大多杂草既能异花授粉，也能自花授粉。授粉的媒介有风、水、昆虫等。自花授粉保证在单株存在时仍可正常受精结实。异花授粉有利于杂草创造新的变异和生命力强的变种，提高生存能力和机会。

（二）园林杂草防治措施

园林杂草的防治必须坚持“除早、除小、除尽”的原则，合理应用各种杂草防治措施，发挥它们各自的优点，建立起以化学除草为中心的综合防治措施，才能获得理想的除草效果。

综合防治是对有害生物进行科学管理的体系。其基本点是从农业生态系统总体观点出发，根据有害生物和环境之间的相互关系，充分发挥自然控制因素的作用，因地制宜地协调必要的措施，将有害生物控制在经济损失的允许水平之下，以获得最佳的经济、生态和社会效益。它强调了生物与环境的整体观和不以彻底消灭有害生物为目的的防治思想。“预防为主、综合防治”是植保工作的指导思想，在工作中必须予以贯彻落实。

园林杂草的综合防治措施主要有人工除草、机械除草、化学除草和生物除草。

1. 人工除草 人工除草方式包含人工拔草和人工铲草（图 1－12）。

（1）人工拔草适用于播种苗床、扦插苗床、珍贵苗种等情况下的小面积杂草的控制，宜在杂草幼苗期根系较浅时用手拔或用小锄等工具进行铲除。人工拔草虽然简单易行，但工效低，除草不彻底，特别是对宿根性多年生杂草效果不好。

（2）人工铲草是结合苗木养护所进行的除草。一般适用于大苗的除草作业。需用锄头破除土表板结并锄去苗地杂草。铲草深度应根据苗木根系的深浅而定，一般幼苗期深度以 3～5cm 为宜；大苗可加深到 8～10cm。人工铲草作业应在晴天进行，并将锄起的杂草置于地表暴晒，然后集中清理出苗圃。人工铲草时要注意锄尽地边、圃边的杂草，以防止杂草种子的传播蔓延。

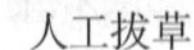

人工拔草

人工铲草

图 1－12 人工除草

2. 机械除草 机械除草是指以动力牵引除草机械进行除草（图 1－13）。这种除草方法效率高，省工省时，但易造成埋苗、伤苗、漏锄等现象。因此将人工除草和机械除草结合起来是较为理想的除草措施。

除草机械种类很多。目前在园林苗圃、绿地中使用较多的是小型手推式除草机，这种除草机具有小巧轻便、操作简单、易于维修、油耗低、动力强、生产效率高、耕作深度可调等特点，而且配有多功能刀片，既可以除草，也可以松土、中耕。除草机适用于苗圃、果园、农田的除草作业，可以在丘陵地、山区、无耕道小块地使用。

小型手推式除草机　　配套动力除草机

图 1-13　机械除草

3. 化学除草　化学除草是指利用化学药剂杀灭杂草。它具有效果好、见效快、省工省力省时的优点。

化学除草的使用方法有茎叶处理和土壤处理两种（图 1-14）。茎叶处理即将药液进行叶面喷洒，经叶片吸收药液后起到杀草作用。通常每亩[①]药液用量为 40～60kg。土壤处理即采用喷洒药液或撒施毒土的方法，将药剂施入土中，使土表形成药剂层，当杂草的幼根、嫩芽接触药剂后被杀死。通常每亩用土量为 20～30kg，每亩药液用量与茎叶处理相同。

茎叶处理　　土壤处理

图 1-14　化学除草

4. 生物除草　生物除草是指利用杂草的天敌来消灭杂草，有以虫除草、以菌除草、以草克草等技术。近年来生物拮抗抑制杂草技术成为草坪防治杂草的一种有效途径。生物拮抗抑制杂草技术主要通过加大草坪播种量，或播种时混入先锋草种来实现。在新建植草坪时加大播种量，促成草坪植物的种群优势，使草坪迅速郁闭成坪，达到与杂草竞争光、水、气、肥的目的。也可以混配一定量的出苗快、生长迅速的先锋草种，如黑麦草、高羊茅，从而抑制杂草种子的萌发和生长，而不影响草坪植物种子的萌发和生长，达到防治杂草的目的。但先锋草种的播种量不宜超过 10%～20%。

① 亩为非法定计量单位。1 亩≈667m^2。

七、任务训练

（一）知识训练

1. 单选题

（1）刺儿菜是通过（　　）进行无性繁殖的。

A. 根蘖　　B. 根茎　　C. 匍匐茎　　D. 球茎

（2）豚草的种子可存活（　　）年以上。

A. 10 年　　B. 20 年　　C. 30 年　　D. 40 年

（3）蒲公英的种子通过（　　）传播。

A. 人为　　B. 风力　　C. 水力　　D. 农具

（4）小型手推式除草机适宜在（　　）使用。

A. 苗圃　　B. 果园　　C. 林地　　D. 农田

（5）园林杂草的防治措施以（　　）为中心。

A. 人工除草　　B. 生物除草　　C. 化学除草　　D. 机械除草

（6）人工铲草作业应在（　　）进行。

A. 晴天　　B. 阴天　　C. 雨天　　D. 雪天

（7）在建植草坪时可混配一定量的先锋草种，但其播种量不宜超过（　　）。

A. 5%～10%　　B. 10%～20%　　C. 30%～50%　　D. 50%～80%

（8）杂草的生物防除不包括（　　）。

A. 以虫除草　　B. 以菌除草　　C. 以草克草　　D. 以肥治草

（9）幼苗期人工铲草的深度一般以（　　）为宜。

A. 1～3cm　　B. 3～5cm　　C. 5～7cm　　D. 7～9cm

（10）化学除草不具备（　　）的优点。

A. 效果好　　B. 见效快　　C. 省工省力省时　　D. 不污染环境

2. 判断题

（1）（　　）杂草种子具有休眠性。

（2）（　　）杂草竞争能力及对环境的适应性和抗逆性都比栽培植物低。

（3）（　　）大部分杂草出苗、开花、结实、种子成熟不整齐。

（4）（　　）慈姑可以通过根蘖繁殖。

（5）（　　）杂草种子寿命长。

（6）（　　）大多杂草既能异花授粉，也能自花授粉。

（7）（　　）苍耳的种子具长绒毛。

（8）（　　）杂草授粉的媒介有风、水、昆虫等。

（9）（　　）综合防治是对有害生物进行科学管理的体系。

（10）（　　）人工拔草适用于大苗的除草作业。

3. 填空题

（1）园林杂草的无性繁殖分为（　　）、（　　）、（　　）、（　　）和（　　）。

（2）园林杂草的防治必须坚持（　　）、（　　）、（　　）的原则。

（3）化学除草的使用方法有（　　）和（　　）两种。

（4）人工除草方式有（　　）和（　　）两种。

4. 问答题

（1）园林杂草的发生具有哪些特点？

（2）怎样理解园林杂草的综合防治？

（3）用于园林杂草防治的措施有哪些？

（4）简述生物拮抗抑制草坪杂草技术的主要内容及除草机理。

（二）技能训练

任　务　单

任务编号	1-2
任务名称	制定户外健身场地杂草防治方案
任务描述	以户外健身场地杂草种类调查结果为依据，结合主要杂草种类的生长发育规律，合理应用各种杂草防治措施，制定户外健身场地杂草防治方案
计划工时	4
完成任务要求	1. 资料查询途径便捷有效； 2. 资料查询内容充实； 3. 杂草防治提纲依据充分； 4. 杂草防治提纲体现园林的特殊性； 5. 杂草防治计划目的明确，针对性强； 6. 杂草防治计划措施得当，可操作性强； 7. 杂草防治方案样式规范，文辞恰当
任务实现流程分析	1. 资料查询； 2. 起草防治提纲； 3. 讨论修改； 4. 撰写防治方案
提供素材	多媒体计算机室、互联网、课程网站、除草剂应用指南等

实施单

任务编号	1-2
任务名称	制定户外健身场地杂草防治方案
计划工时	4
实施方式	小组合作□　独立完成□
实施步骤	

任务考核评价表

<table>
<tr><td>任务编号</td><td colspan="5">1-2</td></tr>
<tr><td>任务名称</td><td colspan="5">制定户外健身场地杂草防治方案</td></tr>
<tr><td rowspan="9">考核要点</td><td>考核内容
（主要技能点）</td><td>标准分
（100）</td><td>自我评价</td><td>小组评价</td><td>教师评价</td></tr>
<tr><td>资料查询</td><td>20</td><td></td><td></td><td></td></tr>
<tr><td>资料阅读整理</td><td>10</td><td></td><td></td><td></td></tr>
<tr><td>起草提纲</td><td>20</td><td></td><td></td><td></td></tr>
<tr><td>讨论修改</td><td>10</td><td></td><td></td><td></td></tr>
<tr><td>制定防治方案</td><td>20</td><td></td><td></td><td></td></tr>
<tr><td>工作态度</td><td>5</td><td></td><td></td><td></td></tr>
<tr><td>小组工作配合表现</td><td>10</td><td></td><td></td><td></td></tr>
<tr><td>问题解答</td><td>5</td><td></td><td></td><td></td></tr>
<tr><td>总评成绩</td><td colspan="2"></td><td></td><td></td><td></td></tr>
<tr><td>综合成绩</td><td colspan="5">任课教师（签字）：
年　月　日</td></tr>
</table>

任务3　苗圃地杂草防治

一、任务描述

按照苗圃地杂草防治方案，在小叶女贞播后苗前喷洒除草剂，实施封闭除草；小叶女贞出苗后木质化前，采用人工除草方式，减少除草剂对幼苗的伤害，苗间可施用定向土壤喷雾；小叶女贞木质化后若遇降水，则喷洒除草剂进行茎叶处理，防止杂草暴发成灾。

二、任务分析

苗圃地的杂草防治主要有：播后苗前土壤处理、苗后木质化前人工除草及苗后木质化后茎叶处理。

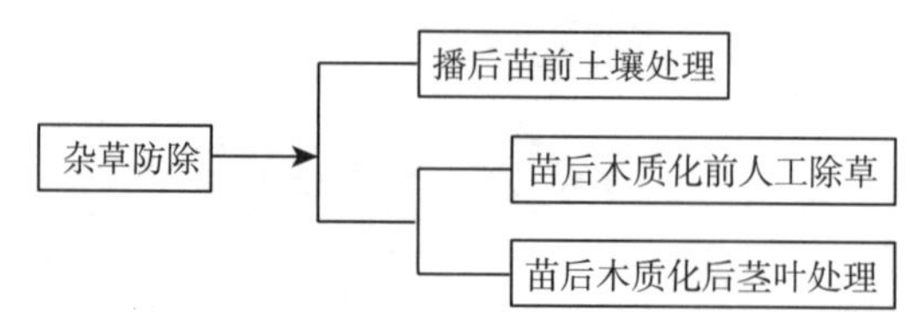

三、任务准备

1. 铲草工具准备　锄头、耙子、磨石等（图1-15）。

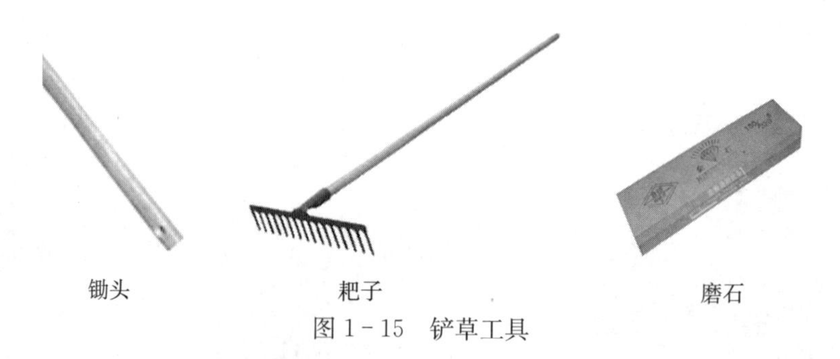

图1-15　铲草工具

2. 除草剂准备　如图1-16所示。

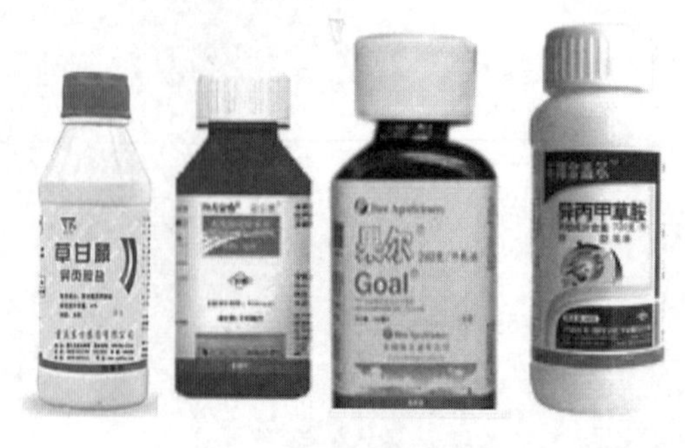

图1-16　常用除草剂

3. 喷药药械及用具准备 喷雾器、喷头防护罩、水桶、量筒等（图1-17）。

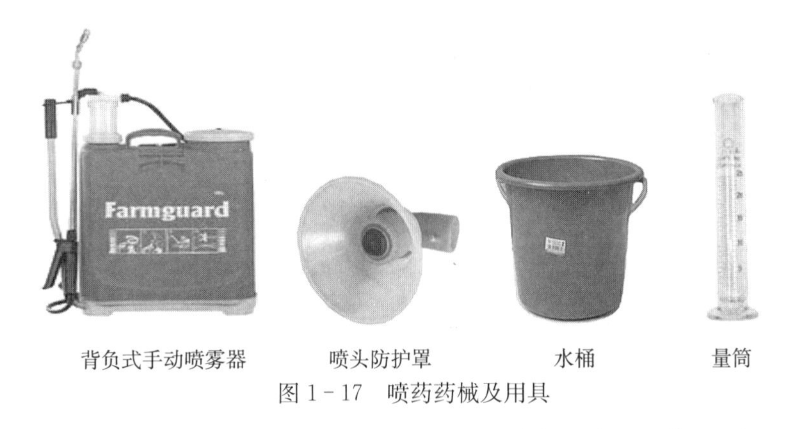

背负式手动喷雾器　喷头防护罩　水桶　量筒

图1-17 喷药药械及用具

4. 安全防护用具准备 手套、胶鞋、工作服、口罩或防护面具等（图1-18）。

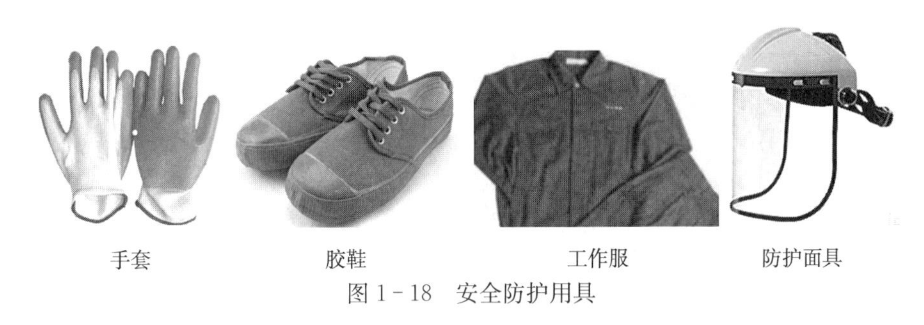

手套　胶鞋　工作服　防护面具

图1-18 安全防护用具

四、任务实施

（一）播后苗前土壤处理

在小叶女贞播后苗前，用喷雾法将除草剂均匀地喷洒到土壤表面，使除草剂在土壤表面形成一层药膜，抑制表土层中的杂草萌发。

要确保科学、合理、安全地使用除草剂农药，就必须抓好“四关”，即农药选择、农药配制、农药施用和农药（药械）保管。

1. 除草剂种类选择 主要环节：明确杂草优势种→阅读农药标签→选择除草剂→检查除草剂质量。具体操作如下所述。

（1）明确杂草优势种。根据调查结果，明确防治地块杂草优势种类是以单子叶杂草为主，还是以双子叶杂草为主；是以一、二年生杂草为主，还是以多年生杂草为主。

（2）阅读农药标签。阅读除草剂农药标签内容。一个合格的农药标签应包括农药名称、农药“三证号”、净重（克或千克）或净容量（毫升或升）、生产厂家信息、农药类别、使用说明、毒性标志及注意事项、生产日期和批号、质量保证期等。通过阅读除草剂农药标签，明确除草剂的主要防治对象及用法、用量等农药使用技术信息。

（3）选择除草剂。播种前使用的除草剂应选择在土壤中淋溶性小的芽前封闭除草剂，应针对苗圃地主要杂草类型，选择对症、高效、低毒、低残毒且价格合理的农药。可利用除草剂的选择性，正确选择除草剂。

(4) 检查除草剂质量。检查农药包装，看是否有渗漏、破损现象；看标签是否完整，内容、格式是否齐全、规范，成分是否标注清楚。

①查看标签。一是查看农药商品标签上是否标有农药登记证号（或农药临时登记证号）、农药生产许可证号（或农药生产批准证书号）、农药产品标准证号；凡“三证号”不全或假冒、伪造“三证号”的产品，均属于非法产品。二是查看生产日期和有效期，过期农药质量很难保证。

②观察农药外观。农药因生产质量不高或贮存保管不当，导致外观上发生以下变化时，说明农药质量有问题：粉剂或可湿性粉剂农药出现药粉结块、结团的现象；乳油农药出现分层、混浊现象或有结晶析出，且在常温下结晶不消失；液剂农药静放后混浊不清，有沉淀或絮状物。

2. 药液配制 农药中除了有效成分含量低的粉剂、颗粒剂、片剂和烟剂等可以直接施用外，其他农药种类的有效成分含量高，都必须经过稀释才能施用。农药的配制就是把商品农药配制成可以施用的状态。在稀释农药时要按照农药标签上的使用说明，严格掌握稀释浓度。

配制药液主要环节：用量计算→称取农药制剂和稀释用水→配制药液。具体操作如下所述。

(1) 用量计算。

①药量计算。阅读农药说明书，按照说明书上的农药用量表示方法计算农药制剂用量。

A. 按单位面积上的农药制剂用量计算：

农药制剂用量（g 或 mL）＝每亩或每公顷农药制剂用量（g 或 mL）×施药面积（亩或 hm^2）

B. 按单位面积上的有效成分用量计算：

$$\text{农药制剂用量（g 或 mL）}=\frac{\text{每亩或每公顷有效成分用量（g 或 mL）}}{\text{制剂的有效成分含量（\%）}}\times\text{施药面积（亩或 } hm^2\text{）}$$

C. 按农药制剂稀释倍数计算：

$$\text{农药制剂用量（g 或 mL）}=\frac{\text{每亩或每公顷药液量（g 或 mL）}}{\text{稀释药液倍数}}$$

D. 按农药制剂有效成分含量计算：

农药制剂用量（g 或 mL）＝每亩或每公顷药液量（g 或 mL）×施药面积（亩或 hm^2）

②水量计算。若标签上有推荐用水量可依照标签上的推荐用水量配制，如果没有推荐用水量，一般根据喷雾方法确定用水量，如常规喷雾一般每亩用水量为 40～60kg：

水量（kg）＝每亩用水量（g 或 mL）×施药面积（亩）

(2) 农药制剂和稀释剂（水）的称量。计算出农药制剂和用水量后，要严格按照计算量称取或量取。固体农药要用秤称量，液体农药要用有刻度的量具称取（如量杯、量筒）。量取时，要使量筒处于垂直状态，避免药液留在筒的内壁，造成量取偏差；量取配药用水，可用有标记的水桶作为计量器具。用喷雾器药箱作为计量器具时，应在其内壁用油漆画出水位线，标定准确的体积后，方可使用。

(3) 配制药液。在水桶中先加入少量水，将农药倒入，搅拌均匀，配好母液，然后用剩余的水，分2～3次冲洗量器，冲洗水全部加入药桶中，搅拌均匀。需注意的是，有的药剂在水中很容易溶解，但有的药剂虽然也能溶解在水中，仍需要先用少量热水溶解后，再加入清水。

3. 土壤处理 主要环节：施药前准备→土壤施药→施药后清理。具体操作如下所述。

（1）施药前准备。

①测试气象条件。常规喷雾时，风速应小于3m/s（相当于3级风力），当风速大于4m/s（相当于4级风力）时不能进行农药喷洒工作。降水时和气温超过32℃时也不允许喷洒农药。

②喷雾器调整。背负式喷雾器装药前，应在喷雾器皮碗及摇杆转轴处（内置空气室的喷雾器应在滑套及活塞处）涂上适当的润滑油。然后根据操作者身材，调节好背带长度。接着安装扇形雾喷头，然后在药箱内装上适量清水并以每分钟10～25次的频率摇动摇杆，检查各密封处有无渗漏现象及喷头处雾型是否正常。

（2）土壤施药。

①打开喷雾器桶盖，向喷雾器内加药。加药时要用滤网过滤，药液不能超过桶壁上的水位线。加注药液时，切记关闭喷药开关。

②加注药液后，盖紧桶盖，以防作业时药液外漏。

③压动摇杆数次，使空气室内的气压达到工作压力后，打开开关，边走边打气边喷雾。一般走2～3步摇杆上下压动一次，每分钟18～25次。打气时空气室的药液不能超过安全水位线，以防空气室爆炸。

④进行土壤喷雾时，喷头距离目标物0.5m左右，且喷头离地高度、行走速度和线路应保持一致，使雾滴在土表形成连续性的药膜，避免局部地区药量过大造成除草剂药害。

（3）施药后清理。喷药完毕后，要在远离水源和生活区的田地挖深坑，将喷雾器内的剩余药液倒入深坑中埋掉，喷雾器用清水洗刷干净。若喷雾器长期存放，要将活动部件及喷头处涂上黄油防锈，并置于干燥通风处。

4. 保管农药 施药完成后，包装瓶或包装袋中剩余的农药可存放于专用仓库中，也可短期分散保存。但分散保存时要注意不能与食物、饲料靠近或混放。贮存的农药包装上应有完整、牢固、清晰的标签，并存放在儿童和动物接触不到且干燥、阴凉、通风的专用柜中，关严上锁。

正确保管农药是安全、合理使用农药的重要一环。保管不当，会造成农药变质失效，引起火灾、爆炸，以及给取、用药带来不便等。

（二）苗期人工除草

为减少除草剂对幼苗的伤害，在幼苗茎木质化前应尽可能采用人工除草方式。

主要环节：工具准备→铲除杂草→清理杂草。具体操作如下所述。

1. 工具准备 准备一把锄头，并检查锄头刃口是否锋利、锄头与握把之间是否松动等。若刃口不锋利，需要把刃口磨光。

2. 铲除杂草 一般在灌溉或雨后能操作时进行，用锄头破除土表并锄去苗地杂草，深度以3～5cm为宜，将锄起的杂草置于田边地表暴晒。锄头在使用时如不锋利可用瓷片反复打磨几次。

3. 清理杂草 用耙子或锄头将杂草集中，并清理出苗圃。锄头用后打磨干净，若长期不用可涂上不挥发的油脂。

（三）苗期茎叶处理

其程序、方法与苗前土壤处理基本相同，所不同的是：

①在除草剂种类选择上，应选择苗后茎叶处理剂。

②喷雾时，灭生性除草剂一定要配置喷头防护罩进行定向喷雾，防止雾滴飘移造成药害。喷洒时喷头高度应保持一致，并防止重喷和漏喷。

五、任务总结

当前园林苗圃地的杂草防治实施的是以化学除草为主的综合防治措施，其化学防治包括播后苗前土壤处理和苗后茎叶处理。在杂草化学防治过程中，必须严格按照农药标签配制农药，不能随意增大药液浓度；同时要严格遵守农药操作规范，以避免对园林植物造成药害，确保人畜安全。

六、知识支撑

（一）认识农药

农药主要是指用来防治危害农、林、牧业生产的病、虫、草及其他有害生物和调节植物生长的化学药品。未经加工的农药称为原药，除极少数农药原药不需加工可直接使用外，绝大多数原药都需要和填充剂或辅助剂一起加工成可以使用的各种产品，农药加工后的产品称为农药制剂。

1. 农药制剂名称 农药制剂名称包括农药通用名称、有效成分含量和剂型名称。

农药通用名称是标准化机构规定的农药生物活性有效成分的名称。中文通用名称是由中国国家标准局颁布，在中国国内通用的农药中文名称。

有效成分含量通常用百分含量表示。

农药剂型是指经加工后的农药制剂的具体形态。农药常用剂型有粉剂、可湿性粉剂、乳油、水剂、颗粒剂、熏蒸剂，此外还有烟剂、片剂、悬浮剂、缓释剂、水乳剂等。

2. 农药类别 农药种类繁多，按用途可分为杀虫剂、杀螨剂、杀菌剂、杀线虫剂、杀鼠剂、除草剂、植物生长调节剂等。按原料来源又分为无机农药、有机农药、微生物农药和植物性农药。

（1）杀虫剂。按作用机理杀虫剂主要有胃毒剂、触杀剂、内吸剂、熏蒸剂等。绝大多数杀虫剂是有机合成杀虫剂，它们的杀虫作用往往是多方面的。如杀虫双对害虫具有触杀、胃毒、内吸和熏蒸作用。另外，还有趋避剂、拒食剂、不育剂等，这些称为特异性杀虫剂，因其选择性强、污染小，是很有发展前途的一类杀虫剂。

（2）杀菌剂。按作用机制杀菌剂分为保护剂、治疗剂。根据能否被植物内吸并传导、存留，杀菌剂又可分为内吸性杀菌剂和非内吸性杀菌剂。内吸性杀菌剂多具有保护及治疗作用，而非内吸性杀菌剂多只具有保护作用。

（3）除草剂。除草剂一般分为输导型除草剂、触杀型除草剂。根据使用习惯，人们又常将其分为选择性除草剂和灭生性除草剂。

3. 农药施用方法

（1）喷雾法。以一定量的农药与适量的水配成药液，用喷雾机械将药液均匀地喷洒到目标物上。

（2）喷粉法。用喷粉器械产生的风力将药粉均匀地吹到目标物上。

（3）种苗处理法。种苗处理法又分为拌种、浸种、苗木处理等。用一定量的药粉或药液与种子均匀混拌为拌种；将种子、块根、块茎等浸入一定浓度药液中为浸种；将幼苗的根部浸入一定浓度药液中称为苗木处理。

（4）毒谷、毒饵法。用害虫、老鼠喜食的麦麸等饵料与胃毒剂按一定比例混合配成毒饵，撒于地面或害鼠通道。

（5）土壤处理法。将药剂均匀施于地表，再翻入土中，或将药液注入植物根部土壤。

（6）毒土法。将药剂与细土按一定比例混拌制成毒土，撒于地面、水面、播种沟内或与种子混播。

（7）熏蒸、熏烟法。用熏蒸剂或易挥发药剂熏杀仓库或温室内的病虫为熏蒸法；利用烟剂点燃后发出的浓烟或用农药直接加热发烟，防治温室、果园和森林病虫称为熏烟法。

除此之外，还有涂抹、撒颗粒剂、注射和打孔等方法。

4. 农药毒性 绝大多数农药对人、畜和其他有益生物都有毒性。农药毒性可分为急性毒性、亚急性毒性和慢性毒性3类。

①急性毒性是指农药一次大剂量或24h内多次对生物体作用后所产生的毒性。急性毒性的大小通常用致死中量或致死中浓度表示（即在规定时间内，使一组试验动物的50%个体发生死亡的农药剂量或浓度）。依据致死中量或致死中浓度的大小，农药的急性毒性划分为剧毒、高毒、中等毒和低毒4个级别。

②亚急性毒性是指在较长时间内经常接触、吸入或食入某种农药成分，最后导致人、畜发生与急性毒性类似症状的毒性。

③慢性毒性是指污染生活环境或残留食物中的微量农药，长期少量地被人、畜摄食，在体内积累引起的慢性毒害。

5. 农药“三证号” 农药“三证号”是指农药登记证号（或农药临时登记证号）、农药生产许可证号（或农药生产批准证书号）、农药产品标准证号。

①农药登记证是农业农村部对该农药产品进行评价，认为符合登记条件后，颁发给生产企业的一种证件。根据国家法律，在中国生产农药和进口农药，都必须进行登记。

②农药生产许可证是化工部门对农药生产企业进行审查，批准后颁发给企业的一种证件。

③农药产品标准证则要经标准行政管理部门批准并发布实施。

国内农药产品都有自己的“三证号”，每个产品的“三证号”都不相同。国外进口农药产品因其生产厂不在我国，所以没有农药生产许可证号和农药产品标准证号，只有农药登记证号。

（二）园林苗圃常用除草剂

除草剂种类繁多，其理化性质、作用机制、应用范围及防除对象各不相同。现将用于园林苗圃效果较好的常用除草剂简介如下。

1. 乙氧氟草醚

农药剂型：商品名称为果尔、割地草。20%、24%乳油。

除草特点：选择性触杀型芽期除草剂。

防除对象：可防除一年生的单、双子叶杂草，且对阔叶杂草的防除优于对禾本科杂草的防除；对大部分多年生杂草无效。

使用方法：常用于针叶树苗圃，每亩用24%乳油40～60mL，兑水20kg，于播后苗前进行土壤处理，苗后40d以上可进行喷雾处理，防除一年生阔叶杂草。对苗木安全，效果好。

注意事项：乙氧氟草醚用药后不可混土。施药48h内，下小到中雨，不用补喷，若下大雨，需用原量的1/2补喷。对针叶树苗木安全，对阔叶树苗木进行定向喷雾，防止药液喷到苗木顶梢上。对一年生小草有效，对大龄杂草无效。

2. 异丙甲草胺

农药剂型：商品名称为都尔。72%乳油。

除草特点：选择性芽前土壤处理剂。

防除对象：能防除一年生禾本科杂草和某些双子叶杂草及莎草科杂草，且防除一年生禾本科杂草效果突出。对多年生禾本科杂草和阔叶杂草无效。

使用方法：在播后芽前或苗木移栽前，每亩用72%乳油150～200mL，兑水40kg喷施。

注意事项：只能做土壤处理，杀死刚萌发的杂草，对已长出的杂草无效。对人的皮肤、眼睛有轻微的刺激作用，喷施时要注意防护。对塑料制品有腐蚀作用，喷后必须清洗。

3. 苯磺隆

农药剂型：商品名称为阔叶净、巨星。10%可湿性粉剂，70%干燥悬浮剂。

除草特点：选择性内吸传导型除草剂。

防除对象：一年生阔叶杂草。对荠、反枝苋等效果较好，对田旋花、泽漆、野燕麦效果不显著。

使用方法：在杂草苗前或苗后早期施药。一般每亩用10%可湿性粉剂10～20g，兑水40kg，进行杂草茎叶喷雾处理。

注意事项：苯磺隆活性高，用药量低，施用时要严格掌握药量，并注意与水混匀。施药时避免药剂飘移到敏感的阔叶植物上。

4. 高效氟吡氯禾灵

农药剂型：商品名称为高效盖草能。10.8%乳油。

除草特点：选择性内吸传导型茎叶处理除草剂。

防治对象：对苗后的一年生和多年生禾本科杂草有很好的防除效果，对阔叶杂草和莎草科杂草无效。

使用方法：禾本科杂草3～5叶期时，每亩用10.8%高效氟吡氯禾灵乳油50～100mL，兑水20kg，常规喷雾。

注意事项：本品只对单子叶杂草有效，在单、双子叶杂草混生地块要与防阔叶杂草的除草剂混用。施药作业时，要防止药液溅到皮肤和眼睛上，注意劳动保护。对鱼类有毒，严禁把剩余药液及洗涤喷药器具的水倒入湖泊、河流、水塘。本剂只能用作茎叶处理。

5. 草甘膦

农药剂型：商品名称为农达、镇草宁等。10%、41%水剂。

除草特点：为内吸传导型广谱灭生性除草剂。

防治对象：可以防除几乎所有的一年生或多年生杂草及部分灌木。对常见的马唐、铁苋菜、反枝苋、莎草等杂草防除效果突出。

使用方法：适用于苗圃步道及园林大树下喷洒，对于一年生杂草，每亩用量为10%水剂750～1 000mL；对于多年生杂草，每亩用量为10%水剂100～1 500mL；对于多年生恶性杂草，每亩用量为10%水剂1 200～2 000mL，在杂草生长旺盛期进行茎叶喷雾处理。

注意事项：只能用作茎叶处理，不能用于土壤处理。喷药后6～8h内降水一般会降低药效。药液用清水配置，勿用硬水和泥浆水配置，否则会降低药效。使用草甘膦3d内勿割草、放牧和翻地。对金属具腐蚀性，贮存和使用尽量用塑料容器，装过草甘膦的药械必须清洗干净。要定向喷在杂草上，不适宜在苗床喷洒。

七、任务训练

（一）知识训练

1. 单选题

（1）除草剂常规喷雾时，风速应小于（　　）。

A. 2m/s　　B. 3m/s　　C. 4m/s　　D. 5m/s

（2）进行土壤喷雾时，喷头距离目标物的距离应在（　　）左右。

A. 0.5m　　B. 1.0m　　C. 2.0m　　D. 5.0m

（3）一般在灌溉或雨后人工锄苗时，深度以（　　）为宜。

A. 1～2cm　　B. 3～5cm　　C. 8～10cm　　D. 10～15cm

（4）（　　）除草剂要配置喷头防护罩进行定向喷雾，以防止雾滴飘移造成药害。

A. 选择性　　B. 灭生性　　C. 触杀型　　D. 传导型

（5）园林苗圃地化学除草常采用（　　）施药方法。

A. 喷雾法　　B. 熏蒸法　　C. 种苗处理法　　D. 毒土法

（6）（　　）对多年生深根性杂草的防除能力较强。

A. 百草枯　　B. 草甘膦　　C. 果尔　　D. 都尔

（7）（　　）为触杀型选择性除草剂。

A. 百草枯　　B. 高效盖草能　　C. 果尔　　D. 苯磺隆

（8）只作土壤处理的除草剂是（　　）。

A. 高效盖草能　　B. 果尔　　C. 都尔　　D. 草甘膦

（9）只对单子叶杂草有效的除草剂是（　　）。

A. 苯磺隆　　B. 果尔　　C. 高效盖草能　　D. 都尔

2. 判断题

（1）（　　）国外进口农药其生产厂不在我国，所以只有农药产品标准证。

（2）（　　）按原料来源农药分为无机农药、有机农药和微生物农药三大类。

（3）（　　）内吸性杀菌剂多具有保护及治疗作用，而非内吸性杀菌剂多只具有保护作用。

（4）（　　）常规喷雾时药液每亩用量一般为60kg。

（5）（　　）农药保管不当，会造成变质失效，甚至引起火灾、爆炸等不良后果。

(6)(　　)农药说明书中常用的农药用量表示方法有单位面积上的农药制剂用量、单位面积上的有效成分用量和农药制剂稀释倍数。

(7)(　　)草甘膦属于内吸传导型芽前除草剂。

(8)(　　)草甘膦对金属具腐蚀性，贮存和使用应尽量用塑料容器。

(9)(　　)高效盖草能、阔叶净、都尔、果尔只能作茎叶处理。

3. 填空题

(1) 农药制剂名称包括(　　)、(　　)、(　　)3个部分。

(2) 农药“三证号”是指(　　)、(　　)、(　　)。

(3) 抓好药剂除草的“四关”是指(　　)、(　　)、(　　)、(　　)。

(4) 农药种类繁多，按照用途可分为(　　)、(　　)、(　　)、(　　)、(　　)、(　　)和植物生长调节剂。

(5) 农药毒性分为(　　)、(　　)、(　　)和(　　)4个级别。

4. 问答题

(1) 合格的农药标签应包含哪些内容?

(2) 简述液体农药的配制过程。

(3) 如何通过农药的外观判断农药的质量?

(4) 若某园林绿地交于你养护管理，你会采取哪些措施来防止或减轻杂草的危害?

（二）技能训练

任　务　单

任务编号	1－3
任务名称	户外健身场地化学除草
任务描述	按照户外健身场地杂草防治方案，通过除草剂准备、药液配制、药液喷雾、药械清洗保养、残液处理等程序步骤，实施户外健身场地的化学除草
计划工时	4
完成任务要求	1. 药剂防治方案制定科学合理可行； 2. 农药试剂用量和水量计算准确； 3. 称量用具要有计量刻度标记； 4. 称取农药试剂及稀释用水准确； 5. 药液配制均匀； 6. 检查喷雾器，各部件齐全，无漏水漏气； 7. 按照农药操作规程，熟练进行土壤喷雾及茎叶喷雾； 8. 对剩余药液进行妥善处理； 9. 正确清洗喷雾器并进行常规养护
任务实现流程分析	1. 拟定农药防治方案； 2. 准备农药配制施用所需器械、用具； 3. 计算农药用量和水量； 4. 称量农药制剂和稀释用水； 5. 药液配制； 6. 检查喷雾器； 7. 按操作规程喷雾； 8. 处理剩余药液； 9. 药械养护
提供素材	除草剂、喷雾器、水桶、量具、铁锹等

实　施　单

任务编号	1-3
任务名称	户外健身场地化学除草
计划工时	4
实施方式	小组合作□　独立完成□
实施步骤	

任务考核评价表

任务编号	1-3				
任务名称	户外健身场地化学除草				
考核要点	考核内容（主要技能点）	标准分（100）	自我评价	小组评价	教师评价
	制定防治方案	10			
	准备所需药械、用具	5			
	计算农药用量和水量	5			
	称量农药制剂和稀释用水	10			
	配制药液	10			
	检查喷雾器	5			
	土壤喷雾	10			
	茎叶喷雾	10			
	药械养护	5			
	处理剩余药液	5			
	工具清理返还	5			
	工作态度	5			
	小组工作配合表现	10			
	问题解答	5			
总评成绩					
综合成绩	任课教师（签字）： 年　月　日				

项目小结

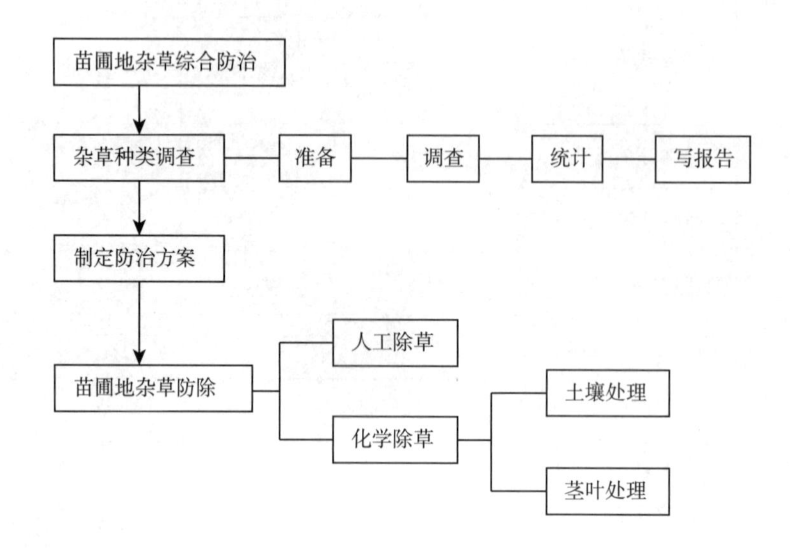

项目拓展

一、知识拓展

(一) 草坪杂草防治

1. 草坪杂草发生特点

(1) 杂草种类繁多。单子叶草坪杂草种类与双子叶草坪杂草的种类不同，春末、秋初两季发生的杂草种类也不同。

(2) 杂草发生时间长，有明显的出草高峰。草坪春、夏、秋季均可出草，但以春末、秋初两次出草高峰比较明显。且单子叶草坪与阔叶类草坪出草趋势相仿。

(3) 杂草发生量大，危害重。自然情况下，单子叶草坪一般有杂草 30～50 株/m^2，局部 100～200 株/m^2，以禾本科杂草和莎草科杂草为主。双子叶草坪一般有杂草 50～60 株/m^2，严重地块达 100 株/m^2 以上，以阔叶类杂草为主。新植草坪发草量最大；铲后再生过程中的草坪有利于杂草萌发生长；已成坪的草坪若养护不善也会造成草荒。草坪杂草主要影响草坪的整体美观，降低销售效益。严重的地块会造成草荒，导致当季草坪报废。

2. 草坪杂草防治技术要点

(1) 人工除草。在草坪面积较小的情况下，可进行人工除草。在草坪草分蘖或分枝以前，因杂草苗小，也可实行人工除草。

(2) 生物拮抗抑制杂草。生物拮抗抑制杂草是新建草坪防治杂草的一种有效途径，主要方法有：通过加大草坪播种量，促进草坪植物形成优势种群；播种时混入先锋草种，抑制杂草生长；喷施叶面肥，促进草坪的郁闭。

(3) 适时适度修剪。一般杂草在自然条件下生长，早期竞争能力强，但遇到人为干预，尤其是对草坪草的高强度刈割，其生长就会受到明显抑制，经一定时间后杂草逐渐减少。

(4) 播前灌水。在播撒草坪草种子之前，对土壤进行灌水处理，使土壤中的杂草种子提前萌发，有利于人工或化学防除杂草；同时灌水会使土地沉降，有利于土地的进一步平整。

(5) 化学防除。在草坪面积较大的情况下，采用人工除草费工、费时，且清除不彻底，应采用选择性除草剂除草。

(二) 保护地杂草防治

1. 保护地杂草发生特点

(1) 杂草发生时间提前。

(2) 采用保护性耕作初期杂草密度增加。

(3) 上、下茬农田杂草重叠发生，生育期参差不齐。

(4) 多年生杂草危害加重。

(5) 杂草控制更加依赖化学药剂。

2. 保护地杂草防治技术要点

(1) 轮作倒茬。改变杂草的生态环境，使原来生长良好的优势杂草种群处于不利的环境条件下而减少或灭绝。

(2) 深耕细作。深耕把大量表层杂草种子埋入土壤深层，把大量根状块茎杂草翻到地面，可使杂草数量大大减少。细作使土壤畦面疏松，无大块坷垃和作物根茬残体，以利于覆盖和均匀喷药。

(3) 高温堆肥。杀死土壤中含有的大量杂草种子。

(4) 精选良种。把混在作物种子间的杂草种子剔除，留下无草籽、无病虫的饱满健壮种子，可大大减少杂草传播危害。

(5) 化学防除。覆膜前，对土壤喷施除草剂。

(6) 覆膜除草。土壤喷药后要立即覆膜，以提高药效。还可以采用药膜覆盖，即把除草剂加到地膜的一面上，然后把带有药剂的地膜的一面盖在地面上，达到除草的目的。

(7) 管理水源。禁止将田间拔除的杂草抛在渠道里或渠边，防止杂草通过流水再传入田内。

(8) 人工处理。个别地方施药不均匀而出现杂草时，可用土块压在对应杂草处的地膜上，以抑制其生长。若是膜内形成“大草包”，可用一根粗铁丝做成一端为小铲，一端为小钩的工具，把地膜穿一小洞或从边缘掀起，用小铲把草铲掉，再用小钩钩出。穿破的小洞或掀起的边缘用土块压实，以免再次长草或被风掀起。

二、能力拓展

任　务　单

任务编号	1-4
任务名称	草坪杂草防除
任务描述	为提高校园绿化效果，学校加大了草坪建植力度。伴随着草坪面积的增大，草坪杂草防除也成为校园绿化养护工作中不可缺少的重要部分。为此学校组织园林绿化专业的学生承担了草坪除草的工作任务，这样既为学生提供了真实的实践机会，又解决了学校的草坪除草难题
计划工时	课外完成
完成任务要求	1. 能正确进行杂草种类调查； 2. 能识别常见杂草； 3. 会通过网络、图书等途径查询相关杂草信息； 4. 能依据调查结果，选择正确的杂草防治措施； 5. 能制定合理的杂草综合防治方案； 6. 能熟练实施人工除草； 7. 会使用除草机械清除杂草； 8. 能根据杂草优势种正确选择除草剂种类； 9. 能正确配制药液并完成药剂施用； 10. 能正确保管剩余农药并保养施药药械
任务实现流程分析	1. 杂草种类调查； 2. 草坪除草方案制定； 3. 实施综合防治方案； 4. 检查防治效果
提供素材	数码相机、小铁铲、剪枝剪、放大镜、计算器、电子秤、调查表、图谱、除草剂、喷雾器、水桶、量具、铁锹等

实 施 单

任务编号	1-4
任务名称	草坪杂草防除
计划工时	课外完成
实施方式	小组合作口 独立完成□
实施步骤	

任务考核评价表

<table>
<tr><td>任务编号</td><td colspan="5">1-4</td></tr>
<tr><td>任务名称</td><td colspan="5">草坪杂草防除</td></tr>
<tr><td rowspan="9">考核要点</td><td>考核内容
（主要技能点）</td><td>标准分
（100）</td><td>自我评价</td><td>小组评价</td><td>教师评价</td></tr>
<tr><td>杂草种类调查</td><td>10</td><td></td><td></td><td></td></tr>
<tr><td>杂草识别</td><td>10</td><td></td><td></td><td></td></tr>
<tr><td>防治方案制定</td><td>20</td><td></td><td></td><td></td></tr>
<tr><td>防治措施实施</td><td>30</td><td></td><td></td><td></td></tr>
<tr><td>杂草防治效果</td><td>10</td><td></td><td></td><td></td></tr>
<tr><td>工作态度</td><td>5</td><td></td><td></td><td></td></tr>
<tr><td>小组工作配合表现</td><td>10</td><td></td><td></td><td></td></tr>
<tr><td>问题解答</td><td>5</td><td></td><td></td><td></td></tr>
<tr><td>总评成绩</td><td colspan="2"></td><td></td><td></td><td></td></tr>
<tr><td>综合成绩</td><td colspan="5">任课教师（签字）：
年　月　日</td></tr>
</table>

园林害虫防治

引例描述

2012年5月，在某市卫星路南侧的绿化带里，很多树木的树冠部位已经枯萎，树上爬满了灰褐色的小虫子，它们在枝杈处吐丝结网，肆无忌惮地在树上蠕动，吞食叶片。树上虫子过多、过密的地方，还不断有虫子落在地上，下起了“虫雨”，严重影响了园林绿地的观赏效果。这种害虫为天幕毛虫，俗称毛毛虫，是园林观赏植物上常发的一种食叶害虫。后经喷洒杀虫药剂等防治措施，才使天幕毛虫的危害得到了有效控制。

教学导航

学习目标	• 知识目标 1. 熟悉常见园林植物害虫的识别特征； 2. 明确园林植物害虫的调查统计方法； 3. 掌握当地主要园林植物害虫的发生规律； 4. 掌握园林植物害虫的综合防治措施； 5. 明确常用植保药械的使用与保养、故障与排除知识 • 能力目标 1. 能识别本地区常见园林植物害虫； 2. 能正确绘制调查表格并调查被害株数和虫量； 3. 能正确统计被害率和虫口密度； 4. 会通过网络、图书等途径查询相关害虫信息； 5. 能根据调查结果，针对主要园林植物害虫制定有效的防治方案； 6. 能结合修剪，摘除越冬害虫的卵块、虫茧、虫囊等； 7. 能利用园林植物害虫的假死性、趋性等习性对它们进行诱杀、捕杀； 8. 能安全规范地配制杀虫药液并喷施到目标物上； 9. 能规范操作常用植保器械并进行简单维修
项目重点	1. 常见园林植物害虫的识别； 2. 园林植物害虫的田间调查； 3. 杀虫剂的配制和施用
项目难点	1. 园林植物害虫种类识别； 2. 植保药械故障排除
学习方法	任务驱动法
建议学时	36～40学时

任务1　行道树食叶害虫识别

一、任务描述

某学校校园道路网络主要由以综合楼、公寓楼等建筑群为中心的四纵三横校园主干道和以广场为中心的辐射状道路共同组成。在道路两侧栽植园林树木作为行道树。但园林树木在生长发育过程中常常会受到害虫危害，特别是天幕毛虫、黄刺蛾等食叶害虫，从而削弱树势，严重时叶片会被全部吃光。为确保行道树免受食叶害虫的危害，必须对食叶害虫实施有效防治，而正确识别食叶害虫种类是有效防治的前提和保障。

二、任务分析

危害行道树的动物绝大多数是昆虫，依其危害部位和造成的植物被害状的不同，分为食叶害虫、刺吸害虫、钻蛀害虫和地下害虫。其中食叶害虫种类最多，但不同种类的食叶害虫危害状不同、危害时期不同，因此防治方法也不完全相同。只有正确识别害虫种类，才能对其进行有效防治。

正确识别园林害虫种类是园林害虫防治工作的重要环节。害虫识别一般通过现场观察、被害状识别、虫体形态识别等方法，对园林植物害虫进行分类，并确定害虫种类。如果对有些害虫仍不能确定，可将害虫标本送到相关单位进行鉴定。所以害虫识别可按照下面方法和步骤进行：

现场观察 → 被害状识别 → 虫体形态识别

三、任务准备

1. 观察用仪器及用具准备　数码相机、体视显微镜、放大镜、剪枝剪、镊子、记录笔、记录本等（图2-1）。

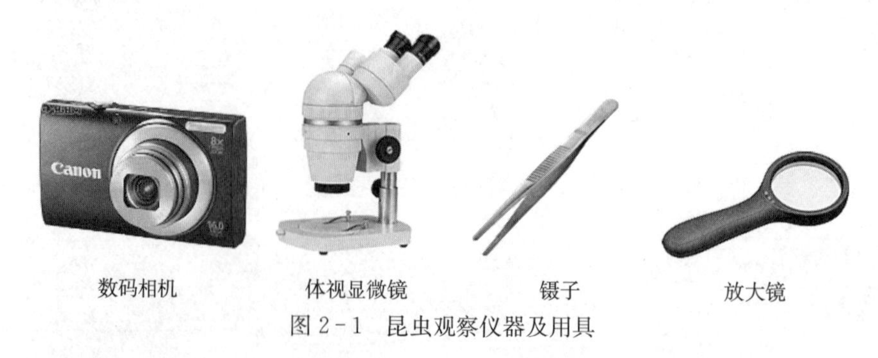

图2-1　昆虫观察仪器及用具

2. 昆虫鉴定工具准备　准备园林害虫图谱、昆虫检索表及昆虫识别软件等昆虫种类鉴定工具。

四、任务实施

该任务工作程序包括现场观察、被害状识别、虫体形态识别。具体步骤如下所述。

(一) 现场观察

主要环节：害虫发生情况观察→确定害虫危害部位→判断害虫类型。具体操作如下所述。

1. 观察害虫发生状况 选定校园行道树为对象，现场观察行道树虫害发生情况，确定被害虫危害的行道树种类，初步判断害虫危害范围及程度。

2. 确定害虫危害部位 观察害虫危害的行道树，确定害虫的主要危害部位及危害特征，并填写表2-1。

表2-1 行道树害虫发生情况描述

编号	被害植物名称	危害部位	危害特征	备注
1				
2				
3				
…				
n				

注意：危害部位主要填写害虫危害的植物器官，危害特征则关注植株受害器官是否完整。

3. 判断害虫类型 根据昆虫危害的植物部位及特点可将害虫分为四大类：取食植物叶片的为食叶害虫；吸取植物汁液的为刺吸害虫；危害植物枝干的为钻蛀害虫；在土中生活，危害植物根部的为地下害虫。

(二) 被害状识别

主要环节：被害状观察→被害状描述→确定害虫类别。具体操作如下所述。

1. 被害状观察 对危害行道树的害虫类型做初步判断后，采集被害虫蚕食的叶片，详细观察叶片的被害状。观察时重点查看受害叶片呈现的异常表现。

2. 被害状描述 根据所观察的行道树叶片被害状，进行简单描述，并填写表2-2。

表2-2 校园行道树被害状描述

编号	被害植物名称	被害状描述	备注
1			
2			
3			
…			
n			

注意：被害状描述主要关注叶片被蚕食的特征。

3. 确定害虫类别 危害行道树的食叶害虫大多数是蛾、蝶类害虫和甲虫类害虫。根据昆虫危害植物的部位及植物被害状可初步判断害虫类别。蛾、蝶类昆虫常将叶片吃成缺刻、空洞，甚至全部吃光，甲虫类昆虫取食的叶片常呈网眼状。

（三）虫体形态识别

主要环节：形态观察→形态特征描述→害虫种类识别。具体操作如下所述。

1. 形态观察 现场寻找食叶害虫活虫，注意大多数食叶害虫一生有卵、幼虫、蛹、成虫4个虫态。观察害虫的形态特征：蛾、蝶类食叶害虫以幼虫取食叶片危害，其卵常产在植物叶片上，幼虫多足，被蛹，成虫翅面覆盖鳞片；而甲虫类食叶害虫的成、幼虫均可取食叶片，常产卵于叶片上，幼虫寡足，离蛹，成虫前翅为坚硬的鞘翅。

2. 形态特征描述 根据掌握的昆虫知识，对所观察的昆虫进行形态特征的描述，并填写表2-3。

表2-3 校园行道树食叶害虫形态特征描述

编号	虫态	形态特征描述	备注
1			
2			
3			
…			
n			

注意：先将采集的标本进行编号，标明采集昆虫的虫态，即卵、幼虫、蛹或成虫，然后对所观察的虫态进行形态描述。

3. 害虫种类识别 将所描述的食叶害虫形态特征与园林害虫图谱、昆虫检索表等相比较，判断害虫种类。当采集的害虫处在不易识别种类的卵期或蛹期，需要进行害虫的人工饲养，至其发育到幼虫或成虫期再识别害虫的种类。某些新的或少见的害虫种类可将害虫标本送到相关单位进行鉴定。

五、任务总结

园林植物害虫的识别，首先根据害虫危害的植物部位及植物的被害状进行害虫分类，确定是食叶害虫、刺吸害虫、钻蛀害虫还是地下害虫。然后通过害虫的形态观察，根据掌握的昆虫分类知识确定昆虫种类。

六、知识支撑

（一）认识园林昆虫

1. 昆虫危害特点 昆虫属于动物界、节肢动物门、昆虫纲。昆虫绝大多数为卵生动物，由卵中孵化出来的幼虫在生长发育过程中，通常要经过一系列显著的内部器官和外部形态上的变化，才能转变为性成熟的成虫，这种体态上的变化称为变态。昆虫的变态常见的有不全变态和完全变态两大类型，完全变态昆虫包括卵、幼虫、蛹、成虫4个虫态；不全变态昆虫只有卵、幼虫（常称为若虫）和成虫3个虫态。昆虫绝大多数在幼虫阶段进行危害，但也有在成虫阶段进行危害，或成、幼虫均可危害的，卵和蛹两个阶段通常无直接危害。

2. 昆虫成虫的形态特征 昆虫虽千姿百态，种类繁多，但其基本结构是一致的。成虫的体躯分为头、胸、腹3个体段，各体段由若干体节组成，胸部有3对足，通常有2对翅。这是区别昆虫与其他节肢动物的主要特征。

（1）昆虫的头部及附器。头部位于昆虫体躯的最前面，由6个体节形成一个坚硬的半球形头壳，头壳分成额、唇基、颊、头顶、后方5个区（图2-2）。

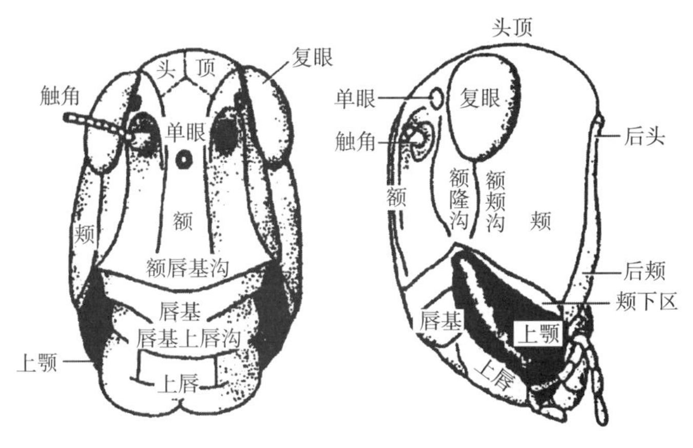

图2-2 昆虫头部构造

昆虫的头部以膜质的颈与胸部相连。头上有触角、眼等感觉器官和取食的口器，所以头部是昆虫感觉和取食的中心。

①触角。昆虫头部一般有1对触角，位于头部前方或额的两侧，是昆虫的感觉器官，主要承担嗅觉、触觉和听觉功能，用来寻找食物和配偶。触角由柄节、梗节和鞭节3个部分组成（图2-3）。由于昆虫的种类和性别不同，触角形状变化很大，常见的触角类型有：刚毛状、丝状或线状、念珠状、栉齿状、锯齿状、球杆状或棒状、锤状、羽毛状或双栉齿状、具芒状、环毛状及膝状等（图2-4）。

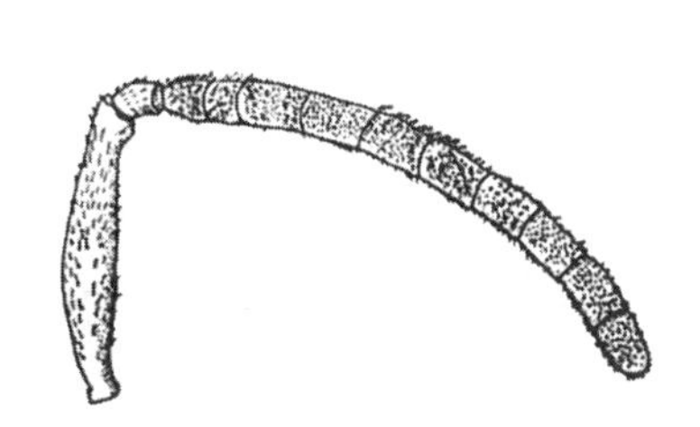

图2-3 昆虫触角的基本构造

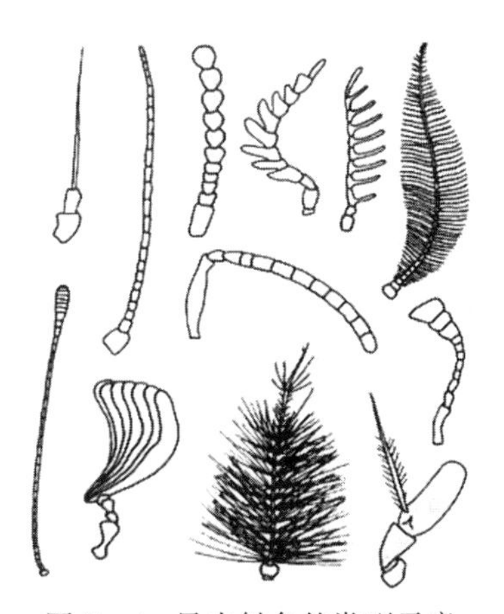

图2-4 昆虫触角的类型示意

②眼。成虫的眼是视觉器官，有复眼和单眼两种。复眼1对，位于头顶两侧，颊区上方。复眼能分辨光的强度、波长和近距离物体，对颜色有一定的分辨能力。单眼0～3个，排列在额区两复眼之间或上方，只能分辨光的强弱和方向。

②口器。口器位于头部的下方或前端，是昆虫的取食器官。由于各类昆虫的食性和取食方式不同，口器的构造也有所不同。昆虫口器有多种类型，最主要的是咀嚼式和刺吸式两类。

咀嚼式口器是昆虫口器中最原始的类型，由上唇、上颚、下颚、下唇和舌5个部分组成（图2-5），如蝗虫的口器。食叶害虫、钻蛀害虫、地下害虫均属于此类。具有这类口器的昆虫多以植物的根、茎、叶、果等固体物质为食料，常使植物的被害部位形成明显的机械性损伤。刺吸式口器由咀嚼式口器演化而来，其上、下颚特化成2对口针，下唇延长成包藏口针的喙，上唇退化成三角形小片（图2-6），如蝉、蚜虫的口器。刺吸类害虫属于此类。具有这类口器的昆虫以口针刺入植物组织内，吸取植物的汁液危害，通常被害的植物部位呈变色斑点、卷缩扭曲、肿瘤、枯萎等症状。有些昆虫在取食的同时，还能传播病毒病。

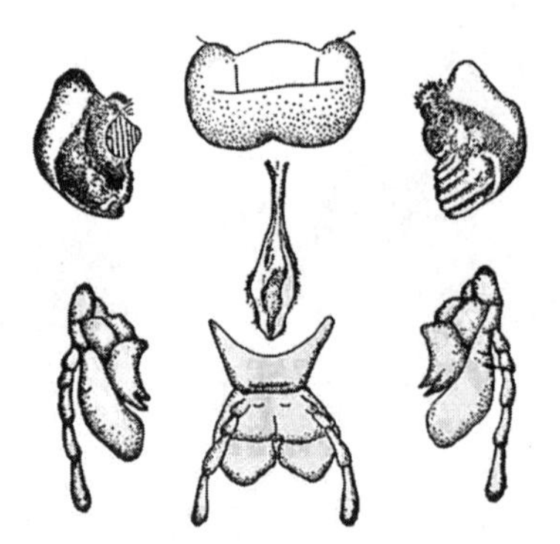

图2-5　昆虫咀嚼式口器的基本构造

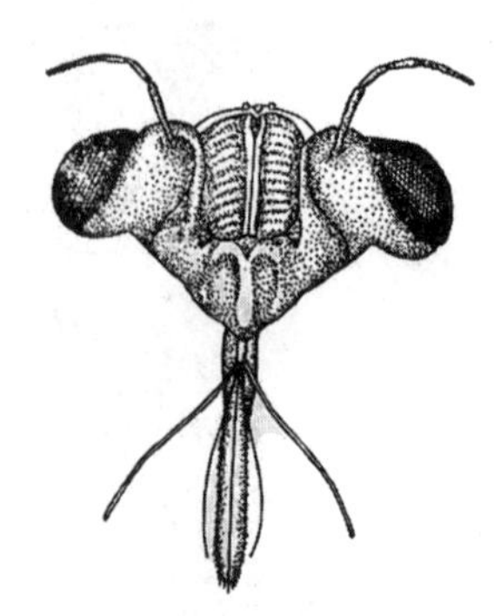

图2-6　昆虫刺吸式口器的基本构造

（2）昆虫的胸部及附器。胸部是昆虫的第二体段，由3个体节组成，自前向后依次称为前胸、中胸和后胸。胸部一般高度骨化，节间尤其是中、后胸间连接牢固。每个胸节侧下方着生1对足，分别称为前足、中足和后足。中胸和后胸背侧面各有1对翅，分别称为前翅和后翅。足和翅是昆虫的运动器官，因此胸部是昆虫的运动中心。

①足。昆虫的胸足由6节组成，自基部向端部依次为基节、转节、腿节、胫节、跗节和前跗节，昆虫跗节的表面有许多感觉器（图2-7）。昆虫的足大多用来行走，由于生活环境和生活方式不同，昆虫的胸足构造和功能有很大的变化，形成各种类型，主要类型有：步行足、跳跃足、开掘足、捕捉足、游泳足、携粉足及抱握足等（图2-8）。

②翅。多数昆虫的成虫有2对翅，少数只有1对翅，也有的昆虫无翅。昆虫的翅一般近似于三角形，有前缘、外缘、内缘或后缘3条边（缘）和肩角、顶角、臀角3个角，由于翅的折叠，翅面上又发生3条褶线将翅面分成臀前区、臀区、轭区、腋区4个区（图2-9）。翅多为膜质薄片，翅中间贯穿着起支撑作用的翅脉。昆虫的翅一般用于飞行，但是各种昆虫为适应特殊的生活环境，其翅的质的和形状发生了很大的变化，形成各种类型，如膜翅、覆翅、半鞘翅、鞘翅、鳞翅、缨翅等（图2-10）。

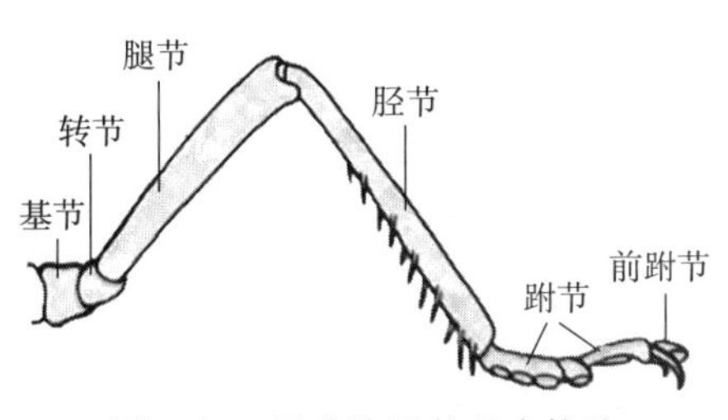

图 2-7 昆虫胸足的基本构造

图 2-8 昆虫足的类型示意

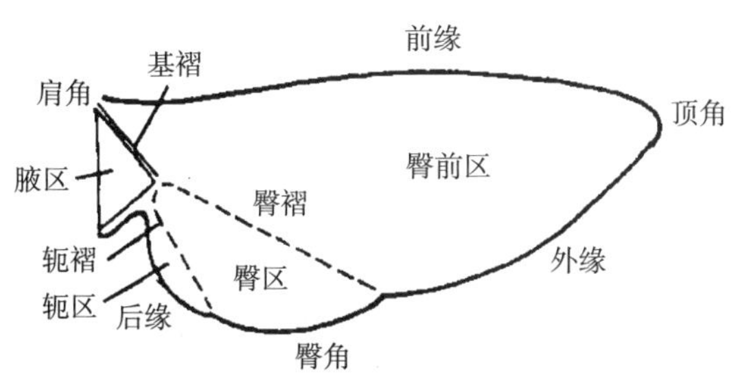

图 2-9 昆虫翅的分区

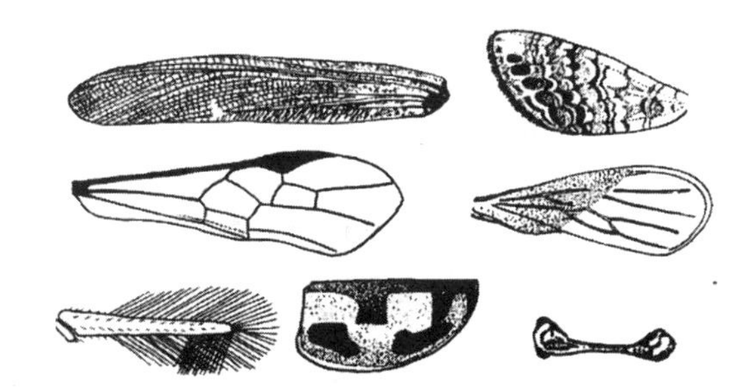

图 2-10 昆虫翅的类型示意

(3) 昆虫的腹部及附器。腹部是昆虫的第三体段，前端紧接胸部，一般由 9～11 节组成，各腹节间以膜质相连，因此腹部可以相互套叠、伸缩弯曲。腹腔内有各种内脏器官，腹部末端有外生殖器和尾须。所以腹部是昆虫内脏活动和生殖的中心。

昆虫的外生殖器生于昆虫腹部末端，雌性的外生殖器称为产卵器，雄性的外生殖器称为交配器或交尾器，产卵器一般由 3 对产卵瓣组成。各类昆虫产卵的环境不同，产卵器的外形变化很大，如蝗虫的产卵器为锥状，蟋蟀的为矛状，蝉的为锯状。有的昆虫无专门的产卵器，直接由腹部末端数节伸长成一细管来产卵，如蝶、蝇、蚊类。有的昆虫的产卵器特化为螯针，用以自卫或麻醉猎获物，如胡蜂、蜜蜂。交尾器构造复杂，主要包括阳具和抱握器。不同种类的昆虫其交尾器结构不同，以保持种间的生殖隔离。

(4) 昆虫的体壁。体壁是昆虫硬化了的皮肤，兼具骨骼和皮肤的双重功能，又称外骨骼。昆虫的体壁由里向外，分为底膜、皮细胞层及表皮层 3 个部分。皮细胞层由单层细胞组成，虫体上的刚毛、鳞片及各种分泌腺都由皮细胞特化而来。表皮层是皮细胞分泌的非细胞层，由内向外又可分为内表皮、外表皮和上表皮 3 层，其中内表皮柔软具有延展性，外表皮质地坚硬，上表皮亲脂疏水，具有较强的不透性。

3. 昆虫卵的形态特征 昆虫卵通常较小，长度一般在 0.5～2.0mm 之间，但卵的形状多种多样（图 2-11）。不同昆虫的产卵方式和产卵场所也有差异。有的单粒散产，有的集聚成卵块，害虫的卵一般产于植物体的表面或组织中，也有的产在土中、地面或粪便等腐烂物中。

4. 昆虫幼虫的形态特征 不全变态昆虫的若虫，其形态与成虫相似，而完全变态昆虫的幼虫，其形态与成虫截然不同，大体上可分为寡足型、多足型、无足型3种类型（图2－12）。既有胸足，又有腹足的幼虫为多足型，如蛾、蝶类幼虫。只有胸足，没有腹足的幼虫为寡足型，如甲虫类幼虫。既无胸足，又无腹足的幼虫为无足型，如蝇类幼虫。

5. 昆虫蛹的形态特征 蛹期是完全变态昆虫特有的发育阶段。各种昆虫蛹的形态不同，可分为3种类型，即离蛹、被蛹、围蛹（图2－13）。离蛹又称裸蛹，其附器游离于蛹体外，可动，如甲虫类的蛹。被蛹，其附器紧贴蛹体，不可动，如蛾、蝶类的蛹。围蛹，其蛹体被幼虫蜕下的皮包围，如蝇类的蛹。

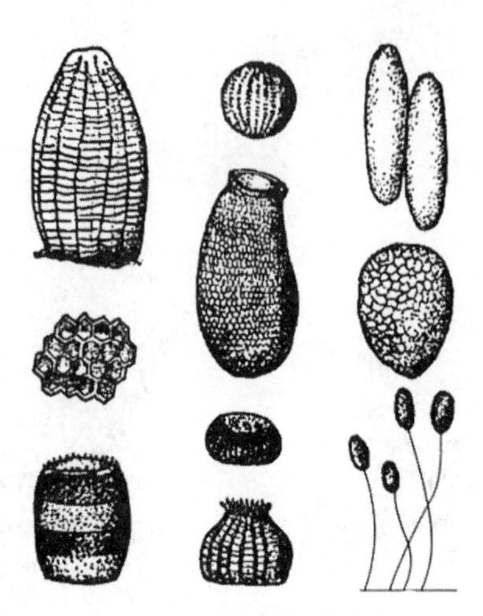
图2－11 昆虫卵的形状

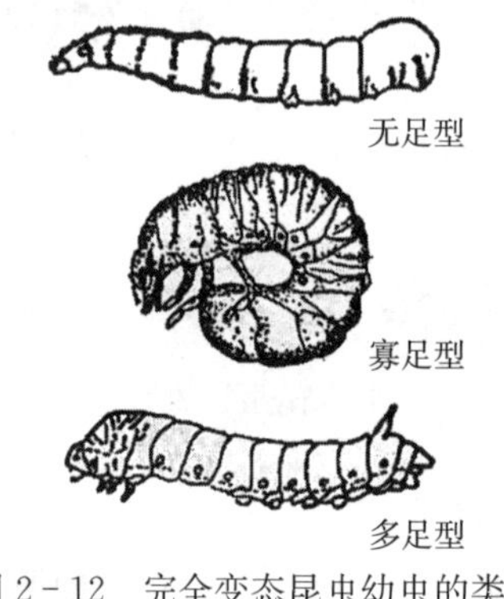

图2－12 完全变态昆虫幼虫的类型

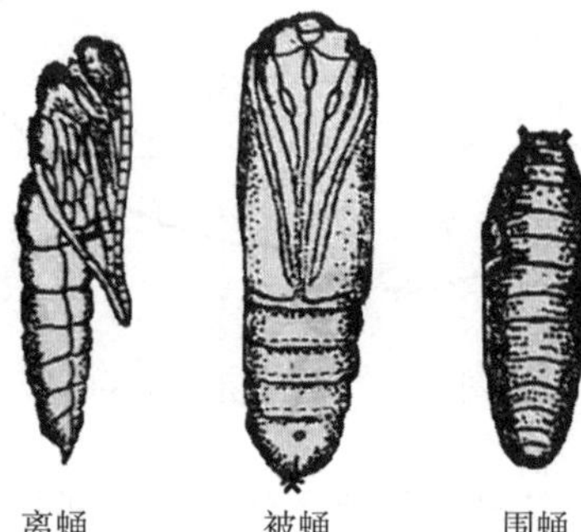

图2－13 完全变态昆虫蛹的类型

6. 园林害虫分类特征 昆虫种类繁多，形态各异。为便于识别并对它们进行研究，需要将昆虫进行分类。昆虫纲中与农业生产关系密切的有9个目，分别是：直翅目、半翅目、同翅目、缨翅目、鞘翅目、鳞翅目、膜翅目、脉翅目和双翅目，其重要分类特征见表2－4。

表2－4 园林害虫分类特征

目	口器类型	足类型	翅类型	变态类型	幼虫类型	蛹类型	代表种类
直翅目	咀嚼式	前足开掘足或后足跳跃足	前翅覆翅	不全变态	似成虫	—	蝗虫、蝼蛄
半翅目	刺吸式	步行足	前翅半鞘翅	不全变态	似成虫	—	椿象、盲蝽
同翅目	刺吸式	步行足	前翅膜翅或覆翅	不全变态	似成虫	—	介壳虫、蚜虫
缨翅目	锉吸式	步行足	缨翅	不全变态	似成虫	—	管蓟马、蓟马
鞘翅目	咀嚼式	步行足	前翅鞘翅	完全变态	寡足型	离蛹	金龟子、叩头虫、天牛
鳞翅目	虹吸式	步行足	鳞翅	完全变态	多足型	被蛹	粉蝶、夜蛾、天蛾、螟蛾

（续）

目	口器类型	足类型	翅类型	变态类型	幼虫类型	蛹类型	代表种类
膜翅目	咀嚼式、虹吸式	步行足	膜翅	完全变态	无足、少数多足	离蛹	赤眼蜂、叶锋
脉翅目	咀嚼式	步行足	膜翅	完全变态	寡足型	离蛹	草蛉
双翅目	舔吸式、刺吸式	步行足	后翅平衡棒	完全变态	无足型	围蛹	蝇、蚊类

（二）行道树常见食叶害虫

1. 天幕毛虫

（1）成虫。具有雌、雄性二型现象。雌蛾体红褐色，触角栉齿状。前翅中央有一深褐色上宽下窄的宽横带，横带两侧有米黄色细纹。雄蛾体黄褐色，触角双栉齿状。前翅中央有2条深褐色近平行的横纹，两横线之间色淡。成虫产卵于小枝条上密集成一卵块，形状如“顶针”。

（2）幼虫。老熟幼虫体长50～60mm。头灰蓝色。前胸背中央有一对黑纹。体色复杂鲜艳，由许多不同颜色的纵线组成，背部以灰蓝色为主，腹部灰白色。腹部各节背面中央各有一对黑色毛瘤，以腹部第8节背面中央的1对蓝黑色毛瘤最明显（图2-14）。

2. 黄刺蛾

（1）成虫。体黄色，前翅黄褐色。顶角有1条斜纹把翅斜分成两部分，上方黄色，有2处褐色点，下方棕色。

（2）幼虫。体黄绿色，背面有两头宽、中间窄的鞋底状黄红色斑纹（图2-15）。

3. 霜天蛾

（1）成虫。体长45～50mm，体暗褐色，混杂霜状白粉。胸部背板有棕黑色似半圆的纵条纹，腹部背板中央及两侧各有1条灰黑色纵纹。前翅中部有2条棕黑色波状横纹，中室下方有2条黑色纵纹，翅顶有黑色曲线，后翅棕黑色，前、后翅外缘均由黑白相间的小长方形块斑连成。

（2）幼虫。老熟幼虫体长75～95mm。头淡绿色，胸部绿色，背面有横排的白色颗粒8～9排，腹部黄绿色，体侧有白色斜带7条，尾角褐绿色，上面有紫褐色颗粒，胸足黄褐色，腹足绿色（图2-16）。

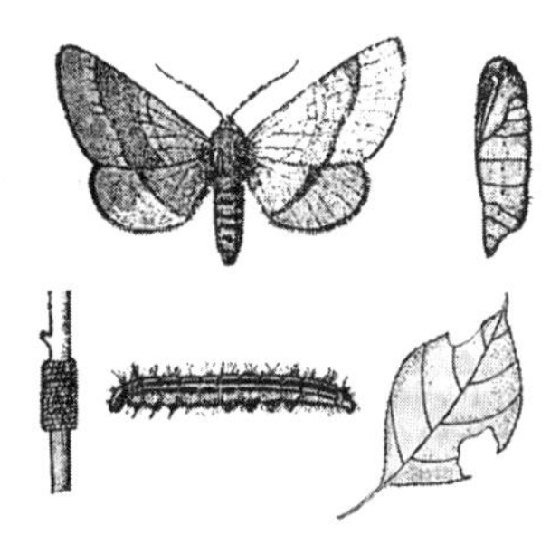

图2-14 天幕毛虫

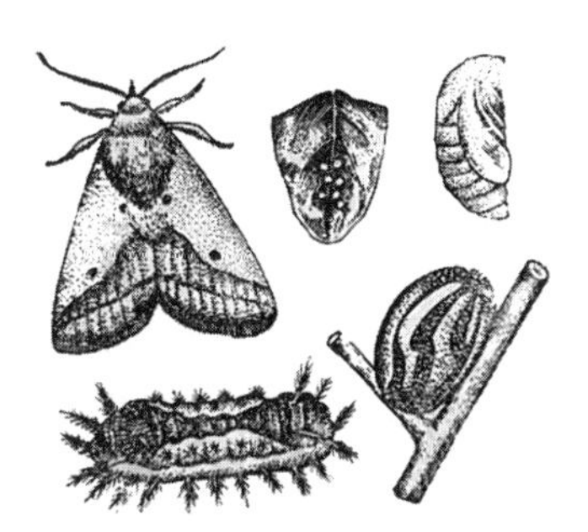

图2-15 黄刺蛾

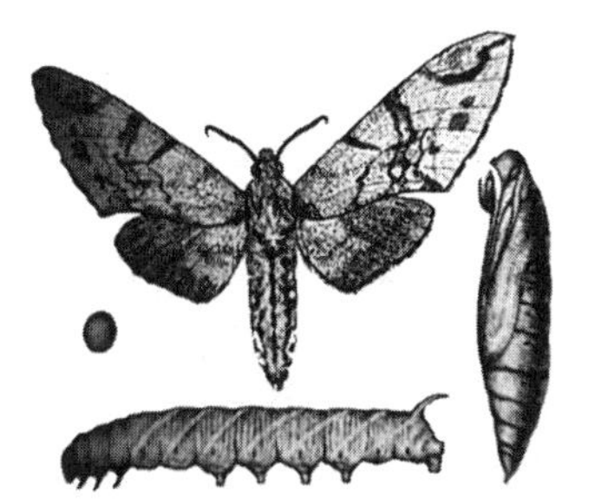

图2-16 霜天蛾

4. 梨星毛虫

（1）成虫。体长 9～12mm，全身黑色。翅半透明，翅脉明显。雄蛾触角短，羽毛状；雌蛾触角锯齿状。

（2）幼虫。初龄幼虫体紫褐色，老熟幼虫体淡黄色，头部及末端略小，中间肥大，身体每节背侧两旁各有 1 处黑色斑点。成熟幼虫体长 20mm 左右（图 2－17）。

5. 舞毒蛾

（1）成虫。具有雌、雄性二型现象。雄蛾体茶褐色，体长 15～20mm，触角羽毛状。前翅有 4 条深褐色波状横纹，后翅色淡。雌蛾体乳白色，体长约 30mm，触角栉齿状，前翅有 4 条不明显的黑色波状横纹。成虫产卵成块状，卵块上覆有很厚的黄褐色绒毛。

（2）幼虫。体多灰黄色，体长 50～70mm。头黄褐色，具“八”字形黑纹，体背有 2 列突起的毛瘤，靠近头部的 5 对为蓝色，后 6 对为红色。毛瘤上生有棕黑色短毛（图 2－18）。

6. 榆蓝叶甲

（1）成虫。体黄褐色，近长方形，鞘翅蓝绿色，有金属光泽。头部小，头顶有一钝三角形黑纹。前胸背板有 3 个黑斑，中间的为倒葫芦形，两侧的为卵形。

（2）幼虫。体深黄色。体长形微扁平，老熟幼虫体长约 11mm，头部、胸足及胸部所有毛瘤均为漆黑色，头部较小（图 2－19）。

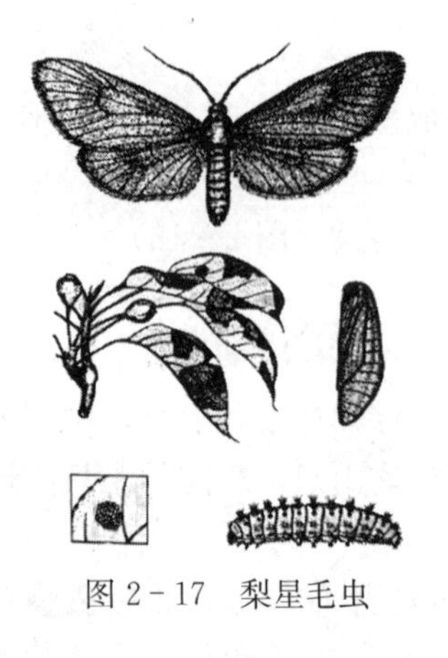

图 2－17　梨星毛虫

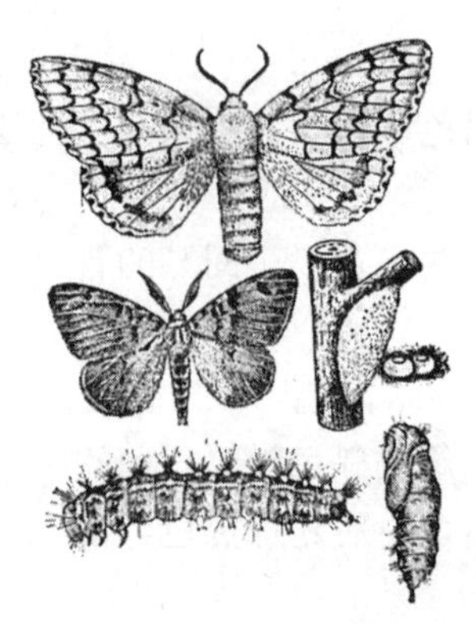

图 2－18　舞毒蛾

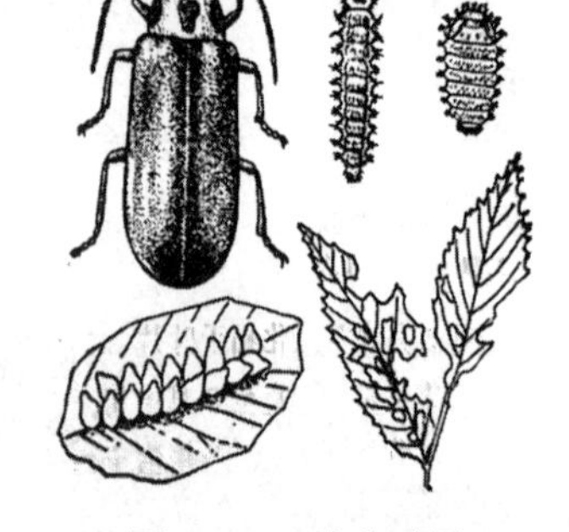

图 2－19　榆蓝叶甲

七、任务训练

（一）知识训练

1. 单选题

（1）胸部是昆虫的（　　）中心。

A. 感觉　　B. 取食　　C. 运动　　D. 生殖

（2）完全变态昆虫特有的虫态是（　　）。

A. 卵　　B. 幼虫　　C. 蛹　　D. 成虫

（3）绝大多数食叶害虫在（　　）阶段进行危害。

A. 卵　　B. 幼虫　　C. 蛹　　D. 成虫

（4）蛾、蝶类食叶害虫的卵常产在（　　）。

A. 植物体内　　B. 植物叶片上　　C. 枯枝落叶下　　D. 土壤中

（5）（　　）的口器不是咀嚼式口器。

A. 食叶害虫　　B. 刺吸害虫　　C. 钻蛀害虫　　D. 地下害虫

（6）昆虫的翅一般为（　　）。

A. 膜质　　B. 革质　　C. 角质　　D. 以上都不是

（7）昆虫体壁的（　　）质地坚硬。

A. 皮细胞　　B. 内表皮　　C. 外表皮　　D. 上表皮

（8）既有胸足，又有腹足的幼虫称为（　　）。

A. 原足型　　B. 无足型　　C. 寡足型　　D. 多足型

（9）不属于鳞翅目的食叶害虫是（　　）。

A. 黄刺蛾　　B. 梨星毛虫　　C. 霜天蛾　　D. 榆蓝叶甲

（10）舞毒蛾的前翅为（　　）。

A. 膜翅　　B. 鳞翅　　C. 鞘翅　　D. 缨翅

2. 判断题

（1）（　　）区别昆虫与其他节肢动物的主要特征是昆虫的成虫具有 3 对足，通常有 2 对翅。

（2）（　　）绝大多数昆虫属于胎生动物。

（3）（　　）蛾、蝶类食叶害虫常将叶片吃成缺刻、空洞，甚至全部吃光。

（4）（　　）昆虫具有变态现象。

（5）（　　）触角是昆虫的感觉器官，主要用来寻找食物和配偶。

（6）（　　）昆虫的复眼只能分辨光的强弱和方向。

（7）（　　）蛾、蝶类昆虫无特别的产卵器，直接由腹部末端数节伸长成一细管来产卵。

（8）（　　）咀嚼式口器昆虫在取食的同时，还能传播病毒病。

（9）（　　）天幕毛虫产卵在叶片上。

（10）（　　）昆虫的体壁兼具了骨骼和皮肤的双重功能。

3. 填空题

（1）从园林树木被害状可将园林害虫分为（　　）、（　　）、（　　）和（　　）四大类。

（2）蛾、蝶类昆虫一生有（　　）、（　　）、（　　）和（　　）4 个虫态。

（3）昆虫的变态常见的有（　　）和（　　）两大类型。

（4）完全变态昆虫的幼虫可分为（　　）、（　　）、（　　）3 种类型。

（5）昆虫蛹分为 3 种类型，即（　　）、（　　）、（　　）。

4. 问答题

（1）食叶害虫的直接危害有哪些？

（2）食叶害虫造成的受害园林植物的被害状表现的共性特征是什么？

（3）咀嚼式口器和刺吸式口器昆虫在危害特点上有什么不同？

（4）与农业生产有密切关系的是昆虫纲中的哪 9 个目？怎样识别这 9 个目的昆虫？

（二）技能训练

任　务　单

任务编号	2－1
任务名称	校园绿篱食叶害虫识别
任务描述	在某学校校园绿化带的四周种植有紫叶李、樱桃忍冬、小叶丁香等绿篱植物，使整个校园的景观错落有致，但近年来由于食叶害虫的发生，致使绿篱植物的大量叶片被蚕食，严重影响了校园景观的整体观赏效果。要对这些食叶害虫实施有效防治，正确识别害虫种类是前提条件
计划工时	6
完成任务要求	1. 能根据受害植物的被害状判断害虫类群； 2. 能根据虫体形态特征鉴别常见害虫种类； 3. 会使用检索表等工具书； 4. 会使用网络收集相关害虫资料
任务实现流程分析	1. 现场观察； 2. 受害园林植物的被害状识别； 3. 虫体形态鉴定
提供素材	相机、放大镜、镊子、剪枝剪、集虫瓶、害虫图谱、体视显微镜等

实　施　单

任务编号	2-1
任务名称	校园绿篱食叶害虫识别
计划工时	6
实施方式	小组合作□　独立完成□
实施步骤	

任务考核评价表

任务编号	2-1				
任务名称	校园绿篱食叶害虫识别				
考核要点	考核内容 （主要技能点）	标准分 （100）	自我评价	小组评价	教师评价
	害虫识别程序	10			
	被害状描述	10			
	害虫形态描述	30			
	资料查询	10			
	识别害虫数量	20			
	工作态度	5			
	小组工作配合表现	10			
	问题解答	5			
合计					
总评成绩	任课教师（签字）： 年　月　日				

任务2 行道树食叶害虫调查

一、任务描述

为使某学校校园行道树免受食叶害虫的危害，需要对行道树食叶害虫进行实地调查，以确定食叶害虫的种类、数量及发育进度，进而确定食叶害虫的防治路段、防治时期和防治方法。

二、任务分析

食叶害虫以幼虫取食园林植物叶片，但不同年份发生程度有所不同，需要通过实地调查，确定防治地块和防治时间。由于食叶害虫幼虫多暴露取食，易于发现和统计，所以食叶害虫幼虫数量和发育进度调查常作为食叶害虫的重要调查项目。幼虫调查可按照下面步骤进行：

调查前准备→样地调查→数据统计→撰写调查报告

三、任务准备

完成任务需要准备：计算器、剪枝剪、镊子、放大镜、调查表、记录笔等（图2-20）。

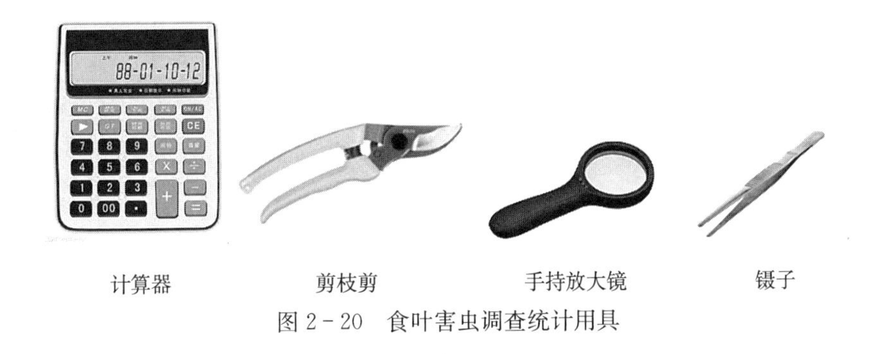

计算器　剪枝剪　手持放大镜　镊子

图2-20　食叶害虫调查统计用具

四、任务实施

该任务工作程序包括调查前准备、样地调查、数据统计、撰写调查报告。具体步骤如下所述。

（一）调查前准备

主要环节：拟定调查计划→确定调查方法→设计调查用表。具体操作如下所述。

1. 拟定调查计划　沿校园主干道进行行道树食叶害虫的踏查，根据踏查结果，确定主要食叶害虫种类作为样地调查对象。查阅相关信息，了解食叶害虫发生特点，确定调查时间、调查内容。

2. 确定调查方法 选定有食叶害虫危害的路段作为样地，在样地内进行线性调查，随机选定20株样株，调查食叶害虫的有虫株率和虫口密度。

3. 制作调查表 根据调查目的与内容制定调查记录表格（表2-5），记录表格要力求简单、具体、明确。

表2-5 行道树食叶害虫调查表

调查时间：________ 调查地点：________ 调查人：________

样树号	行道树树种	虫态	害虫数量				备注
			活虫	死虫	其他	总计	
1							
2							
3							
…							
20							

（二）样地调查

主要环节：确定样点→数据采集→填写调查表。具体操作如下所述。

1. 确定样点 根据踏查结果，选定样地，在样地内随机抽取20株行道树作为样树（样点）进行调查。

2. 数据采集 对样树进行食叶害虫的虫期、数量及危害情况等调查，可分别于树冠上、中、下部及不同方位取样枝进行调查。

3. 填写调查表 将每个样株的调查结果逐项记入调查表中。

（三）数据统计

统计有虫株率，了解食叶害虫发生的普遍程度；统计每株虫量，了解食叶害虫发生的严重程度。

（1）有虫株率计算：

$$有虫株率=\frac{有虫株数}{调查总株数}\times 100\%$$

（2）每株虫量计算：

$$每株虫量=\frac{调查总活虫数}{调查总株数}$$

（四）撰写调查报告

调查报告主要写明食叶害虫的调查目的、调查方法、调查内容和调查结果。

五、任务总结

食叶害虫在行道树及绿化树木上每年都有不同程度的发生，为了稳、准、狠地防治食叶害虫，必须做好食叶害虫的调查工作。食叶害虫调查按照调查前准备、样地调查、数据统计、撰写调查报告的步骤进行，对于大面积发生的食叶害虫，在调查前还应做好现场踏查工作，以保证害虫调查工作有的放矢。

需注意不同的食叶害虫种类发生时期不同，调查时期也不同。如天幕毛虫一般在4月越冬卵孵化前进行卵期调查；舞毒蛾一般在5月进行幼虫调查等。

六、知识支撑

（一）昆虫的生长发育

1. 昆虫的繁殖方式 大多数昆虫为雌雄异体，进行两性生殖；也有若干种特殊的生殖方式。

（1）两性生殖。雌雄两性交配后，卵和精子结合形成受精卵再发育成新个体的生殖方式为两性生殖，又称两性卵生。这是昆虫繁殖后代最普遍的方式。

（2）孤雌生殖。卵不经过受精就能发育成新个体的生殖方式为孤雌生殖，又称单性生殖（如蓟马）。

（3）卵胎生。卵胎生是指卵在母体内完成胚胎发育，由母体直接产出幼体的生殖方式，又称伪胎生（如蚜虫）。

（4）多胚生殖。多胚生殖是指由一个卵发育成2个或更多个胚胎的生殖方式（如某些寄生蜂）。

多数昆虫完全或基本以某一种生殖方式繁殖，但有的昆虫兼有两种以上的生殖方式，如蜜蜂、蚜虫等。

2. 昆虫的发育 昆虫的个体发育可分为胚胎发育和胚后发育两个阶段。胚胎发育是指从卵受精开始到幼虫破开卵壳孵化为止的发育阶段。昆虫的胚胎发育是在卵内进行的。胚后发育是指幼虫自卵中孵出到成虫性成熟为止的发育阶段。昆虫的胚后发育伴随着变态发育。

（1）昆虫变态的类型。

①不全变态。不全变态昆虫一生经过卵、若虫、成虫3个阶段，若虫在外部形态和生活习性上与成虫很相似，仅在个体大小、翅及生殖器官发育程度等方面与成虫存在差异。如蝗虫、椿象、叶蝉等属于此类变态（图2-21）。

②完全变态。完全变态昆虫一生经过卵、幼虫、蛹、成虫4个阶段，幼虫在外部形态和生活习性上与成虫截然不同，必须经过蛹期的剧烈变化，才能变为成虫。如蛾、蝶类和甲虫类昆虫属于此类变态（图2-22）。

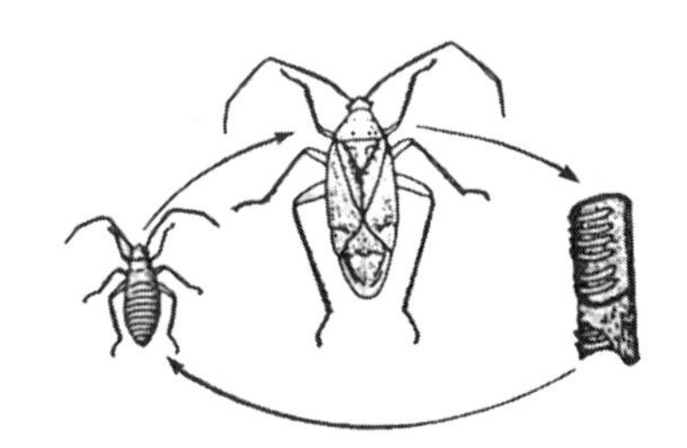

图2-21 不全变态昆虫

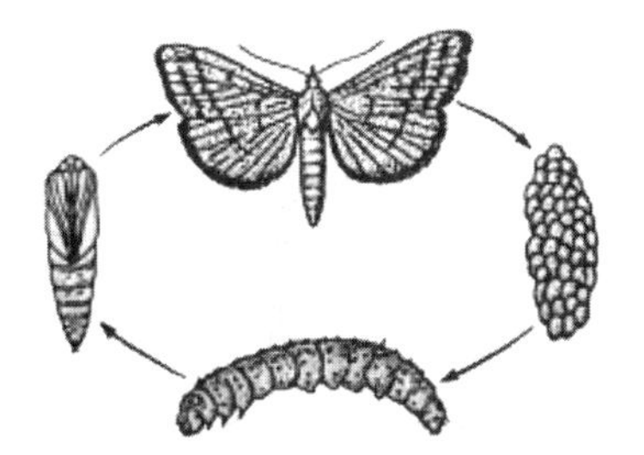

图2-22 完全变态昆虫

（2）昆虫各发育阶段的特点。

①卵期。卵期是昆虫个体发育的第一个时期，是指卵从母体产下到孵化出幼虫（若虫）所经历的时期。卵期的长短因昆虫种类和环境的不同而有差异，一般只有几天，越冬卵可长

达几个月。

②幼虫（若虫）期。卵在母体内完成胚胎发育后，幼虫或若虫破壳而出的过程称为孵化。昆虫自卵孵化到幼虫变为蛹（或成虫）之前的整个发育阶段，称为幼虫期。幼虫期是昆虫一生中的主要取食危害时期，也是防治害虫的关键时期。幼虫期的时间长短与昆虫种类和环境有关。

幼虫生长到一定阶段，就必须蜕去旧表皮，重新形成新表皮，才能继续生长，这种现象称为蜕皮。从卵孵化到第一次蜕皮前，称为1龄幼虫（若虫），以后每蜕皮一次，幼虫增加1龄。所以计算虫龄是蜕皮次数加1。两次蜕皮之间所经历的时间称为龄期。昆虫蜕皮的次数和龄期的长短，因种类及环境条件而异。一般幼虫蜕皮4或5次。在2、3龄前，活动范围小，取食少，抗药能力差；而生长后期，食量骤增，常暴食成灾，而且抗药力增强。所以防治幼虫应在低龄阶段。

③蛹期。完全变态昆虫的幼虫老熟后，即停止取食，寻找适当场所化蛹，从化蛹到变为成虫所经历的时间称为蛹期。蛹期是完全变态昆虫特有的发育阶段，也是幼虫转变为成虫的过渡时期。在此期间，蛹看起来不吃不动，对不利环境因素的抵抗力很差。

④成虫期。不全变态昆虫老龄若虫蜕皮变成成虫或完全变态昆虫的蛹蜕皮变为成虫的过程，称为羽化。成虫从羽化开始直至死亡所经历的时间，称为成虫期。成虫期是昆虫个体发育的最后阶段，其主要任务是交配、产卵、繁衍后代。因此，昆虫的成虫期是昆虫的生殖时期。

有些昆虫在羽化后，性器官已经成熟，不再需要取食即可交尾、产卵。这类成虫口器往往退化，寿命很短，对植物危害性不大，如一些蛾、蝶类。大多数昆虫羽化为成虫时，性器官还未成熟，需要继续取食以获取对成虫性成熟不可缺少的营养物质（补充营养），才能达到性成熟，这类昆虫的成虫阶段对植物仍能造成危害，如蝗虫、椿象、叶蝉。了解昆虫对补充营养的要求对预测预报和设置诱集器等都是重要依据。

成虫性成熟后即行交配和产卵。从羽化到第一次产卵所间隔的时间称为产卵前期。由第一次产卵到产卵终止的时间称为产卵期。昆虫的产卵能力相当强，一般每头雌虫可产卵数十粒到数百粒，很多蛾类可产卵千粒以上。

多数昆虫，其成虫的雌、雄个体，在体形上比较相似，仅外生殖器即第一性征不同。但也有少数昆虫，其雌、雄个体除第一性征不同外，在体形、色泽以及生活行为等第二性征方面也存在着差异，称为性二型（图2-23），如吹绵蚧。也有的昆虫在同一时期、同性别中，存在着2种或2种以上的个体类型，称为多型现象（图2-24），如白蚁。

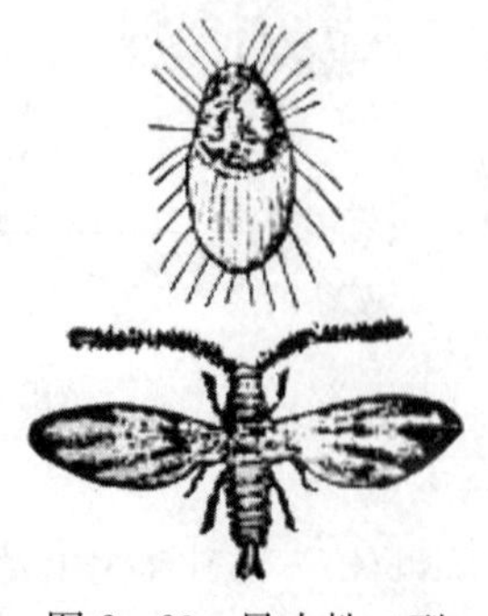

图2-23　昆虫性二型

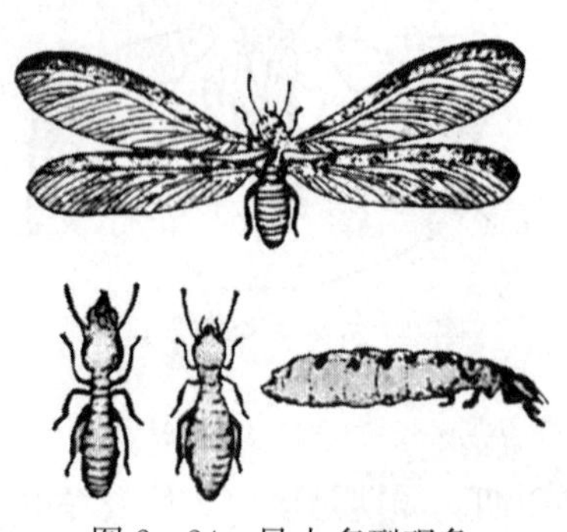

图2-24　昆虫多型现象

3. 昆虫的世代和生活史

（1）*昆虫的世代*。昆虫自卵或幼虫离开母体到成虫性成熟能产生后代为止的个体发育周期称为一个世代，简称世代。各种昆虫世代的长短和一年内所能完成的世代数因昆虫种类和环境而异。有的每年固定地发生一代，如天幕毛虫。有的一年发生几代甚至20多代，如棉铃虫、蚜虫。有的几年甚至十几年才完成一代，如桑天牛、十七年蝉。有的多代性昆虫，由于各种原因导致种群中个体发育进程参差不齐，在同一时间内出现不同世代的相同虫态，这种现象称为世代重叠。

昆虫世代的计算常以卵为起点，按先后出现的次序称为第一代、第二代等。凡是上一年产卵，第二年才出现幼虫、蛹、成虫的均称为越冬代。越冬代成虫产的卵称为第一代卵，发育为第一代幼虫、第一代蛹、第一代成虫。第一代成虫产的卵称为第二代卵，以此类推。

（2）*昆虫的年生活史*。从昆虫当年越冬虫态开始活动到第二年越冬结束为止的发育过程称为年生活史，简称生活史。一年一代的昆虫，世代和生活史的意义相同，一年多代的昆虫，生活史就包括几个世代。昆虫的生活史一般包括一年中发生的世代数、越冬或越夏虫态及其场所、各世代的虫态历期及昆虫的生活习性等。

4. 昆虫的习性 昆虫的习性包括昆虫的活动和行为，是昆虫调节自身、适应环境的结果。

（1）*食性*。食性是昆虫对食物的选择性。按食物性质可分为植食性、肉食性、粪食性、腐食性、杂食性5种。植食性昆虫按其寄主植物的范围宽窄，又可分为：单食性，只取食一种植物；寡食性，能取食一个科及其近缘科的植物；多食性，能取食多种不同科的植物。

（2）*假死性*。有些昆虫受到突然的接触或震动时，身体蜷曲，从植株上坠落地面，一动不动，片刻又爬行或飞起，这种特性称为假死性。

（3）*趋性*。趋性是昆虫接受外界环境刺激的一种反应。趋向刺激源称为正趋性，避开刺激源称为负趋性。按刺激源的性质，趋性可分为趋光性、趋温性、趋化性等。

（4）*群集性*。同种昆虫的个体高密度地聚集在一起的习性称为群集性。有的昆虫只在某一虫态或某一段时间内群集在一起，过后便分散。也有的昆虫终生群集在一起，而且群体向同一个方向迁移或做远距离迁飞。

（5）*扩散与迁飞性*。扩散是昆虫个体发育中，为了取食、栖息、交配、繁殖和避敌等，在小范围内不断进行的分散行为。迁飞是昆虫在一定季节内、一定的成虫发育阶段，有规律地、成群地从一个发生地向另一个较远发生地飞行的行为。

（二）行道树常见食叶害虫发生特点

1. 天幕毛虫 天幕毛虫一般一年一代。以完成胚胎发育的小幼虫在卵壳内越冬。第二年早春树木吐芽时，越冬小幼虫出蛰，先群集在卵块附近取食嫩叶，不久小幼虫转移到小枝分叉处，吐丝结网，形成天幕，并群集在丝幕中，取食丝幕附近的叶片。随着幼虫的长大，当丝幕附近的叶片被吃光后，它们则逐渐向下迁移到较粗的枝条上，再次在枝杈处吐丝结成网幕，如此数次。幼虫近老熟时开始分散危害，老熟幼虫具有假死性，由于食量骤增，常在数日内将成片的树叶吃光，仅残留叶柄。老熟幼虫在两叶间、叶背面、树木周围杂草丛中或附近房屋墙壁等处结茧化蛹。蛹期10～15d，羽化的成虫多在清晨或黄昏产卵，卵多产在被害树的当年生小枝条梢端，卵粒环绕枝梢，排成“顶针”状的卵环。卵经过胚胎发育后以幼虫在卵壳内越冬。成虫昼伏夜出，具趋光性。

2. 黄刺蛾 黄刺蛾一般一年两代。以老熟幼虫在枝杈处结茧越冬，越冬代幼虫在第二年5月上旬开始化蛹。5月中下旬开始出现第一代成虫，5月下旬开始产卵，6月上中旬陆续出现第一代幼虫，7月上中旬下树，入土结茧化蛹，7月中下旬即可见第二代幼虫，一直延续到9月，10月上中旬结茧越冬。初龄幼虫有群栖性，成蛾有趋光性。

3. 霜天蛾 霜天蛾在我国各地均以蛹在土中越冬。翌年5～6月羽化为成虫。成虫夜间活动，有强趋光性，产卵于叶背，散产，每处一粒。幼虫羽化后，先啃食表皮，稍大后蚕食叶片，将叶片咬成缺刻或空洞，7～8月危害最烈，可食尽树叶，树下可见大块碎叶和虫粪。9月老熟幼虫入土化蛹越冬。

4. 梨星毛虫 梨星毛虫在我国北方一年只发生一代。以幼龄幼虫潜伏在主干、主枝的粗皮裂缝内或根茎部裂缝中，结白色丝茧越冬。第二年春树木发芽时，幼虫开始出蛰活动，先钻到芽内吃嫩芽和花苞，展叶后幼虫吐丝将新叶连成饺子状，潜伏于叶中食叶肉，残留下表皮和叶脉，幼虫老熟后在被害叶苞内结茧化蛹，蛹期约10d。成虫发生期在6月中旬至7月上中旬，白天潜伏于叶背，傍晚交尾产卵，卵产于叶背面。初孵化的幼虫群集于叶背食害，被害叶呈筛网状。经1～2d后分散危害，约在7月下旬至8月上旬陆续转移到主干、主枝的粗皮下结茧越冬。

5. 舞毒蛾 舞毒蛾一般一年一代。以完成胚胎发育的幼虫在卵内越冬。卵块集中在树皮上、石缝中等处。翌年5月树发芽时开始孵化，1～2龄幼虫昼夜在树上，群集叶背，白天静伏，夜间取食。幼虫有吐丝下垂，借风传播的习性。3龄后白天藏在树皮裂缝或树干基部石块杂草下，夜间上树取食。幼虫老熟后大多爬至隐蔽场所化蛹。成虫羽化后，雄虫有白天飞舞的习性，故得名舞毒蛾。

6. 榆蓝叶甲 榆蓝叶甲以成虫在树皮裂缝中、屋檐上、墙缝中、土层中、砖石下、杂草间等处越冬。5月中旬越冬成虫开始活动，相继交尾、产卵。5月下旬开始孵化。初龄幼虫剥食叶肉，残留叶表皮，被害处呈网眼状，逐渐变为褐色；2龄以后，将叶吃成孔洞。老熟幼虫在6月下旬开始在树杈的下面或树洞、裂缝中等隐蔽场所群集化蛹。7月上旬出现第一代成虫，成虫取食时，一般在叶背剥食叶肉，常造成穿孔。7月中旬开始产卵在叶背，成块状。第二代幼虫7月下旬开始孵化，8月中旬开始下树化蛹，8月下旬至10月上旬为成虫发生期。越冬成虫死亡率高，所以第一代成虫危害不严重。

（三）园林食叶害虫调查方法

害虫调查是园林植物虫害研究与防治工作的基础。园林植物害虫调查可分为普查和专题调查。普查是指在大面积地区进行害虫的全面调查。专题调查是指对某一地区某种害虫进行深入细致的专门调查，专题调查一般是在普查的基础上进行的。

1. 调查目的 开展园林植物害虫调查是为了摸清一定区域内害虫的种类、数量、危害程度、发生发展规律、在时间和空间上的分布类型、天敌和寄主等情况，为食叶害虫的预测预报和制定有效的防治方案提供科学依据。

2. 取样方法 在有害虫危害的绿地内选定样地，调查主要食叶害虫的种类、虫期、数量和危害情况等。在样地内可逐株调查，或采用对角线法、隔行法，选出样树10～20株进行调查。对于绿篱、行道树、多种花木配制的花坛等进行调查时，可采用线性调查法或带状调查法，随机选定样株调查或逐株调查。若样株矮小可全株统计害虫数量；若样株高大，不便于全株统计时，可分别于树冠上、中、下部及不同方位取样枝进行调查，调查结果记入调查表中。调查表可视具体调查目的和要求做适当改动。

落叶和表土层中的越冬幼虫和蛹、茧的虫口密度调查：可在样树下树冠较发达的一面树冠投影范围内，设置0.5m×2m的样点，0.5m的一边靠树干，统计20cm土深内主要害虫的虫口密度。

3. 统计方法 对调查记载的数据资料要进行整理、计算、比较、分析，从中找出规律，才能说明害虫的数量和危害水平。

（1）调查资料的计算。通常采用算数平均数计算法和平均数的加权计算法。在计算绿地害虫平均虫口密度或危害率时，需要用加权计算。

（2）调查资料的统计。害虫调查数据的统计一般用有虫株率、虫口密度等项目来表示。

①有虫株率的计算。有虫株率是指有虫株数占调查总株数的百分比，反映害虫危害的普遍程度：

$$有虫株率=\frac{有虫株数}{调查总株数}\times 100\%$$

②虫口密度的计算。虫口密度是指单位面积或单株树上害虫的平均数量，表示害虫危害的严重程度：

$$虫口密度=\frac{调查总活虫数}{调查单位总数}$$

（3）调查资料的整理。汇总、统计外业调查资料，进一步分析害虫发生的原因，撰写调查报告，并将调查资料装订、归档。

七、任务训练

（一）知识训练

1. 单选题

（1）孤雌生殖是指（　　）。

A. 雌雄两性交配后，精卵结合成受精卵，再发育成新个体的生殖方式

B. 卵不经过受精就能发育成新个体的生殖方式

C. 卵在母体内完成胚胎发育，由母体直接产出幼体的生殖方式

D. 卵由一个卵发育成2个或更多个胚胎的生殖方式

（2）昆虫的（　　）期是昆虫的生长时期。

A. 卵　B. 幼虫　C. 蛹　D. 成虫

（3）植食性昆虫按其寄主植物的范围宽窄进行分类，不包括（　　）。

A. 单食性　B. 寡食性　C. 多食性　D. 杂食性

（4）调查行道树食叶害虫时，在样地内进行（　　）。

A. 双对角线法调查　B. 隔行法调查　C. 线性调查　D. 带状调查

（5）在行道树食叶害虫调查中，在样地内随机选定（　　）株样株。

A. 5　B. 10　C. 15　D. 20

(6)(　　)又称单性生殖。

A. 两性生殖　　B. 孤雌生殖　　C. 卵胎生　　D. 多胚生殖

(7)以成虫越冬的食叶害虫是(　　)。

A. 黄刺蛾　　B. 梨星毛虫　　C. 霜天蛾　　D. 榆蓝叶甲

(8)幼虫期主要营群集生活的害虫是(　　)。

A. 黄刺蛾　　B. 梨星毛虫　　C. 霜天蛾　　D. 天幕毛虫

(9)具有性二型现象的昆虫是(　　)。

A. 黄刺蛾　　B. 梨星毛虫　　C. 霜天蛾　　D. 舞毒蛾

(10)以成虫越冬的食叶害虫是(　　)。

A. 黄刺蛾　　B. 梨星毛虫　　C. 霜天蛾　　D. 榆蓝叶甲

2. 判断题

(1)(　　)昆虫的胚胎发育是在卵内进行的。

(2)(　　)昆虫的成虫期主要是交配产卵，繁殖后代，是昆虫的生殖期。

(3)(　　)昆虫两次蜕皮之间所经历的时间称为虫龄。

(4)(　　)昆虫世代的计算常以成虫为起点。

(5)(　　)卵在母体内完成胚胎发育后，幼虫或若虫破壳而出的过程称为羽化。

(6)(　　)从昆虫当年越冬虫态开始活动到第二年越冬结束为止的发育过程称为世代。

(7)(　　)昆虫趋性有正趋性和负趋性之分。

(8)(　　)扩散是昆虫在一定季节内、一定的成虫发育阶段，有规律地、成群地从一个发生地向另一个较远发生地飞行的行为。

(9)(　　)园林植物害虫的专题调查是在普查的基础上进行的。

(10)(　　)从羽化到第一次产卵所间隔的时间称为产卵期。

3. 填空题

(1)昆虫的个体发育过程分为(　　)和(　　)两个阶段。

(2)不全变态昆虫一生有(　　)、(　　)和(　　)3个虫态。

(3)园林植物害虫调查可分为(　　)和(　　)两类。

(4)园林植物害虫调查一般可分为(　　)、(　　)、(　　)和(　　)4个步骤。

4. 问答题

(1)什么是变态？完全变态昆虫和不全变态昆虫有哪些不同？

(2)为什么防治幼虫应在低龄阶段？

(3)昆虫的主要生活习性有哪些？与防治有什么关系？

(4)在行道树食叶害虫调查中，食叶害虫种类有哪些？危害程度怎样？在行道树食叶害虫调查样地取样时应注意哪些问题？

(5)调查报告应包括哪些内容？

（二）技能训练

任　务　单

任务编号	2-2
任务名称	校园绿篱食叶害虫调查
任务描述	对校园绿篱进行带状调查，每样点选定10株样株进行食叶害虫虫期、虫量调查，调查结果上报园林教研室
计划工时	4
完成任务要求	1. 调查计划制定要合理可行； 2. 对照调查计划，准备工作充分； 3. 调查线路选择正确； 4. 调查样地、调查方法的确定符合害虫发生规律和调查要求； 5. 调查用表设计规范、简便，易于操作； 6. 对照病虫图谱，能够辨识常发食叶害虫各虫期特征和危害特点； 7. 样地调查细心，调查数据准确； 8. 调查数据记载清楚、规范； 9. 有虫株率、虫口密度统计方法正确，计算结果准确无误； 10. 能对害虫发生情况做出初步判断
任务实现流程分析	1. 调查前准备； 2. 样地调查； 3. 数据统计； 4. 撰写调查报告
提供素材	计算器、剪枝剪、记录笔、手持放大镜、镊子、集虫瓶、植保手册等

实　施　单

任务编号	2-2
任务名称	校园绿篱食叶害虫调查
计划工时	4
实施方式	小组合作□　独立完成□
实施步骤	

任务考核评价表

任务编号	2-2				
任务名称	校园绿篱食叶害虫调查				
考核要点	考核内容 （主要技能点）	标准分 （100）	自我评价	小组评价	教师评价
	制定调查计划	5			
	确定调查方法	5			
	制作调查表	10			
	准备调查用具	5			
	选定调查样点	10			
	确定样点面积	10			
	杂草种类识别	10			
	调查数据记载	5			
	调查数据统计	10			
	撰写调查报告	5			
	工具清理返还	5			
	工作态度	5			
	小组配合表现	10			
	问题解答	5			
总评成绩					
综合成绩	任课教师（签字）： 年　月　日				

任务3　行道树食叶害虫防治方案制定

一、任务描述

依据校园行道树食叶害虫数量及发生情况调查结果，结合主要食叶害虫的生长发生规律，制定行道树食叶害虫防治方案。

二、任务分析

食叶害虫综合防治方案的制定要以调查结果为依据，并结合园林食叶害虫发生发展规律，通过资料查询、起草防治提纲、组织讨论提出修改意见、撰写综合防治方案这些内容来完成：

查阅资料 → 起草防治提纲 → 讨论修改 → 撰写防治方案

三、任务准备

完成此任务应提供多媒体计算机室、互联网及课程网站。

四、任务实施

此项任务需要完成资料查询、起草提纲、讨论修改和撰写防治方案4项工作。

（一）资料查询

结合行道树食叶害虫调查结果，通过教材、学材、书刊、课程网站等途径查询行道树主要食叶害虫的生长发育规律，害虫综合防治方案案例，园林害虫综合防治措施，常用杀虫剂的性能及注意事项等。

（二）起草提纲

仔细阅读所查询资料，在园林害虫综合防治措施的基础上，根据学校行道树发生的主要害虫种类，有针对性地选择害虫防治措施，起草行道树食叶害虫防治提纲。

（三）讨论修改

针对食叶害虫防治提纲，小组集体讨论提纲中各项防治措施选择的合理性和必要性，并提出修改意见，同时对每一项措施进行细化，使之具有可操作性。

（四）撰写防治方案

按照园林害虫防治方案的规范性要求，撰写学校行道树食叶害虫综合防治方案。

五、任务总结

制定行道树食叶害虫综合防治方案是通过资料查询、起草食叶害虫防治提纲、组织讨论并提出修改意见、撰写综合防治方案4个环节来完成的。在工作任务完成的过程中，充分体现团队合作的重要性，注重培养学生的沟通交流能力。

六、知识支撑

（一）综合防治方案制定的基本原则

园林植物害虫综合防治实施方案，应以建立最优的农业生态体系为出发点，一方面要利用自然控制；另一方面要根据需要和可能，协调各项防治措施，把病虫密度控制到受害允许水平以下。

在设计害虫综合防治方案时，要遵守“安全、有效、经济、简便”的原则。“安全”是指对人、畜、作物及生活环境不造成伤害和污染。“有效”是指能大量杀伤病虫或明显地压低病虫的密度，起到保护植物不受侵害或少受侵害的目的。“经济”是一个相对指标，要求少花钱，尽量减少消耗性的生产投资。“简便”是指要因地因时制宜，并且操作方法简便易行、便于掌握。这4项指标中，安全是前提，有效是关键，经济与简便是要在实践中不断改进和提高的。

（二）园林植物害虫综合防治的主要措施

1. 植物检疫 植物检疫是根据国家颁布的法令，设立专门机构，对国外输入和国内输出及国内地区之间调运的种子、苗木及农产品等进行检疫，禁止或限制危险性病、虫、杂草的传入和输出，或者在传入以后限制其传播，消灭其危险。植物检疫又称法规防治，它能从根本上杜绝危险性病、虫、杂草的来源和传播，是最能体现贯彻“预防为主，综合防治”植保工作方针的一项重要措施。

2. 园林技术防治 园林技术防治是利用一系列园林管理技术，为园林植物创造良好的生长发育条件，提高其抗虫能力，并抑制害虫发生，保护园林植物健康生长的一种植物保护措施。它是贯彻“预防为主，综合防治”植保工作方针的基本措施。其最大优点是不需要过多的额外投资，易与其他措施相配套，而且又有预防作用，可持续控制害虫大发生，但这种措施也有一定的局限性，害虫大发生时必须依靠其他调控措施。

园林技术防治通常结合园林生产的日常工作进行。园林技术防治常用的方法如下所述。

①选择适宜圃地育苗，保证苗强、苗壮。②培育和选用抗虫植物品种。③适地适树，合理配置各种树木、花卉，避免某些害虫的嗜食植物相邻种植，阻止害虫的扩散蔓延。④合理施肥与灌水。使用充分腐熟的有机肥，使园林植物健壮生长，增强园林植物的抗虫能力。⑤合理修剪，通风透光。恶化害虫营养条件，有效降低害虫基数。⑥加强对园林植物的抚育管理。结合整形修剪，剪去带虫枝、叶；通过耕翻、及时清除枯枝落叶和杂草等措施，破坏害虫的越冬场所，从而降低害虫来年的虫口基数（图2-25）。

3. 物理机械防治 物理机械防治是指利用各种简单的器械和各种物理因素来防治害虫。此法简单易行，经济安全，对生态系统中的自然控制因素无破坏作用，但有些方法费工费时，需要特殊设备。

物理机械防治的基本方法有：①捕杀，利用人力或简单器械捕杀有假死性、群集性等习性的害虫；②诱杀，利用害虫的趋性，设置灯光、毒饵等诱杀害虫，如灯光诱杀、食物诱杀、潜所诱杀、色板诱杀等；③阻杀，人为设置障碍，防止害虫或不善飞行的成虫迁移扩散，如涂毒环、挖障碍沟、设障碍物、土壤覆膜、纱网阻隔等；④高温杀虫，用热水浸种、烈日暴晒、红外线辐射等均可杀死种子、木材中的害虫（图2-26）。

施用腐熟粪肥　清除枯枝落叶　耕翻

休眠期修剪　树木灌水　铲除杂草

图 2-25　园林技术防治常用措施

黑灯光诱杀　黄板诱杀　毒饵诱杀

设置防虫网　树干涂白　剪除有虫枝条

图 2-26　常用物理机械防治措施

4. 生物防治　生物防治是指利用自然界中各种有益生物或生物的代谢产物来防治害虫。其优点是：不污染环境；对人、畜及植物安全；害虫不产生抗药性，且有长期抑制作用。但生物防治也有其局限性，往往局限于某一虫期，作用慢，成本高，人工培养及使用技术要求比较严格。因此必须与其他防治措施相结合，才能充分发挥作用。

生物防治的主要方法有以虫治虫、以菌治虫、以鸟治虫、以激素治虫（图 2-27）。

（1）*以虫治虫*。利用天敌昆虫消灭害虫称为以虫治虫。按天敌昆虫取食害虫的方式可将其分为捕食性天敌昆虫和寄生性天敌昆虫两大类。捕食性天敌昆虫以瓢虫、食蚜蝇、草蛉、蚂蚁、螳螂最为常见，它们以害虫为食；寄生性天敌昆虫主要包括寄生蜂和寄生蝇，它们寄生在害虫体内。利用天敌昆虫防治园林害虫的途径有保护利用当地自然天敌昆虫（如慎用农药、保护天敌过冬、改善天敌的营养条件、人工助迁），人工大量繁殖释放天敌昆虫，从外地或国外引进天敌昆虫等。

（2）*以菌治虫*。利用害虫的病原微生物防治害虫称为以菌治虫。目前生产上应用较多的是昆虫病原细菌（如苏云金杆菌）、真菌（如白僵菌）和病毒（如核型多角体病毒），其制剂统称为生物农药。利用病原微生物防治害虫具有繁殖快、用量少、不受园林植物生长阶段的限制、持效长等特点，在目前园林害虫防治中具有重要的推广应用价值。

（3）*以鸟治虫*。我国鸟类中有近一半种类是以昆虫为食的，食虫鸟类对抑制园林害虫的发生有一定作用。目前以鸟治虫的主要措施有保护鸟类，严禁捕鸟，人工投放食物招引鸟类等。

（4）*以激素治虫*。昆虫激素有外激素和内激素两种。外激素是昆虫分泌到体外的挥发性物质，是昆虫对其同伴发出的信号，有利于寻找食物和异性等。目前应用最多的是性外激素，某些昆虫的性外激素已能人工合成，在害虫的预测预报和防治方面发挥着非常重要的作用。利用性外激素进行害虫防治，一般有3种方法：诱杀法、迷向法和绝育法。

瓢虫取食蚜虫

绒茧蜂寄生于凤蝶

性诱剂捕捉器

图2-27 生物防治技术

5. 化学防治 化学防治是指利用化学药剂防治害虫，在植物害虫的综合防治中占有重要地位。

化学防治的优点是：防治对象广，几乎所有植物害虫均可用化学农药防治；防治效果显著、收效快，尤其是对暴发性虫害，若施用得当，可收到立竿见影之效；使用方便，受地区及季节性限制小；可大面积使用，便于机械化；可工业化生产，远距离运输和长期保存均可。但化学防治也有局限性，如果长期连续和大量使用化学农药会导致出现以下问题：害虫产生抗药性；杀伤有益生物，破坏生态平衡；引起主要害虫的再猖獗和次要害虫大发生；污染环境，引起公害，威胁人类健康。因此，要充分认识化学防治的优缺点，在农药施用过程中通过对症下药、适时用药、适量用药、混用农药、交替用药等合理使用农药的一些原则性方法及技术，科学、合理、安全地使用农药。

七、任务训练

（一）知识训练

1. 单选题

（1）（　　）是设计害虫综合防治方案的关键。

A. 安全　　B. 有效　　C. 经济　　D. 简便

（2）物理机械防治不具备的优点是（　　）。

A. 简单易行　　B. 经济安全

C. 能长期控制害虫的发生　　D. 不破坏生态平衡

（3）黑光灯诱杀属于（　　）诱杀。

A. 灯光　　B. 食物　　C. 潜所　　D. 性诱剂

（4）属于寄生性天敌昆虫的是（　　）。

A. 瓢虫　　B. 食蚜蝇　　C. 草蛉　　D. 赤眼蜂

（5）广泛用于园林害虫防治的生物农药不包括（　　）农药。

A. 植物　　B. 真菌　　C. 细菌　　D. 病毒

（6）我国鸟类中有（　　）的种类是以昆虫为食的。

A. 1/2　　B. 1/3　　C. 1/4　　D. 1/5

（7）以激素治虫，目前应用最多的是（　　）。

A. 脱皮激素　　B. 集结外激素　　C. 告警外激素　　D. 性外激素

2. 判断题

（1）（　　）植物检疫也称法规检疫。

（2）（　　）种子、苗木及其他繁殖材料在调运之前都必须经过检疫。

（3）（　　）园林技术防治害虫的缺点是需要大量资金投入。

（4）（　　）白僵菌为昆虫病原细菌。

（5）（　　）利用病原微生物防治害虫具有繁殖快，用量少，不受园林植物生长阶段的限制，持效长等特点。

（6）（　　）外激素昆虫对其同伴发出的信号，有利于寻找食物和异性等。

（7）（　　）利用性外激素进行害虫防治，一般采用诱杀法、迷向法和绝育法。

3. 填空题

（1）在设计害虫综合防治方案时，要符合“（　　）、（　　）和（　　）”的原则。

（2）物理机械防治的基本方法有（　　）、（　　）、（　　）和（　　）。

（3）生物防治的主要方法有（　　）、（　　）、（　　）和（　　）。

（4）按天敌昆虫取食害虫的方式可分为（　　）和（　　）两大类。

（5）以鸟治虫的主要措施有（　　）、（　　）和（　　）。

（6）昆虫的激素包括（　　）和（　　）。

4. 问答题

（1）园林植物害虫的主要防治措施有哪些？

（2）园林技术防治常用的方法有哪些？

（3）生物防治具有哪些优点？

（4）利用天敌昆虫防治园林害虫的途径有哪些？

（5）合理使用农药的原则性方法及技术有哪些？

（6）不合理使用化学农药会产生哪些不良后果？谈谈如何合理安全使用化学农药。

（7）若某一园林绿地交于你养护管理，你会安排哪些措施来防止或减轻害虫的发生？

（二）技能训练

任　务　单

任务编号	2-3
任务名称	制定校园绿篱食叶害虫防治方案
任务描述	以校园绿篱食叶害虫调查结果为依据，结合绿篱养护要求，协调应用各种杀虫措施，制定校园绿篱食叶害虫防治方案
计划工时	4
完成任务要求	1. 资料查询途径便捷、高效； 2. 资料查询内容与任务完成关联度大； 3. 资料整理规范； 4. 提纲涉及内容较广泛； 5. 讨论热烈，参与度高； 6. 食叶害虫综合防治方案内容丰富、针对性强； 7. 方案格式规范
任务实现流程分析	1. 资料查询； 2. 起草防治提纲； 3. 讨论修改； 4. 撰写防治方案
提供素材	计算机、多媒体设备等

实 施 单

任务编号	2-3
任务名称	制定校园绿篱食叶害虫防治方案
计划工时	4
实施方式	小组合作□　独立完成□
实施步骤	

任务考核评价表

<table>
<tr><td>任务编号</td><td colspan="5">2-3</td></tr>
<tr><td>任务名称</td><td colspan="5">校园绿篱食叶害虫防治方案制定</td></tr>
<tr><td rowspan="13">考核要点</td><td>考核内容
（主要技能点）</td><td>标准分
（100）</td><td>自我评价</td><td>小组评价</td><td>教师评价</td></tr>
<tr><td>收集信息途径快捷</td><td>10</td><td></td><td></td><td></td></tr>
<tr><td>收集资料容量大</td><td>10</td><td></td><td></td><td></td></tr>
<tr><td>资料整理规范</td><td>10</td><td></td><td></td><td></td></tr>
<tr><td>提纲文字精练</td><td>5</td><td></td><td></td><td></td></tr>
<tr><td>小组讨论参与度高</td><td>10</td><td></td><td></td><td></td></tr>
<tr><td>建设性意见多</td><td>5</td><td></td><td></td><td></td></tr>
<tr><td>方案针对性强</td><td>10</td><td></td><td></td><td></td></tr>
<tr><td>方案可操作性强</td><td>10</td><td></td><td></td><td></td></tr>
<tr><td>方案撰写规范</td><td>10</td><td></td><td></td><td></td></tr>
<tr><td>工作态度</td><td>5</td><td></td><td></td><td></td></tr>
<tr><td>小组工作配合表现</td><td>10</td><td></td><td></td><td></td></tr>
<tr><td>问题解答</td><td>5</td><td></td><td></td><td></td></tr>
<tr><td>总评成绩</td><td colspan="2"></td><td></td><td></td><td></td></tr>
<tr><td>综合成绩</td><td colspan="5">任课教师（签字）：
年　　月　　日</td></tr>
</table>

任务4　行道树食叶害虫防治

一、任务描述

鉴于某学校行道树食叶害虫发生普遍，且春季温、湿度等气候条件又利于食叶害虫的发生，因此必须采取有效措施对校园内行道树上的食叶害虫加以防治，以减轻食叶害虫的危害。

二、任务分析

从行道树食叶害虫发生特点出发，依据行道树食叶害虫的生活习性确定食叶害虫防治方法。在生产上，行道树食叶害虫防治重点是人工清除越冬虫源、灯光诱杀和药剂防治。

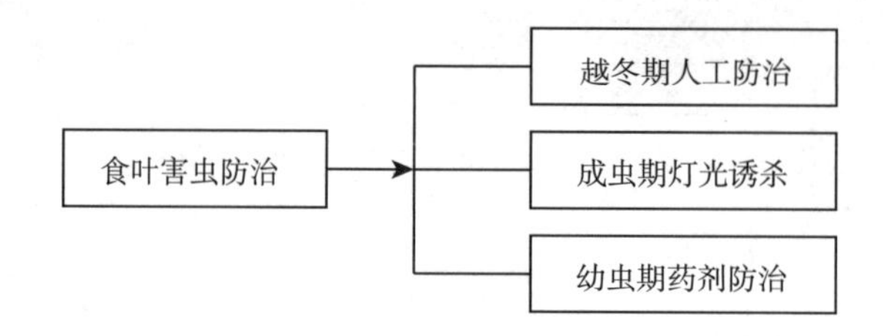

三、任务准备

1. 人工防治用具　准备剪枝剪、剪枝电锯、修剪用梯及刮树皮刀等（图2-28）。

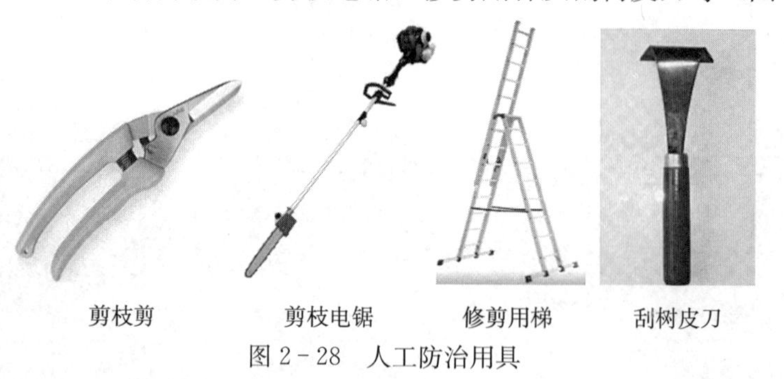

图2-28　人工防治用具

2. 黑光灯或杀虫灯（图2-29）

图2-29　杀虫灯

3. 杀虫剂（图 2－30）

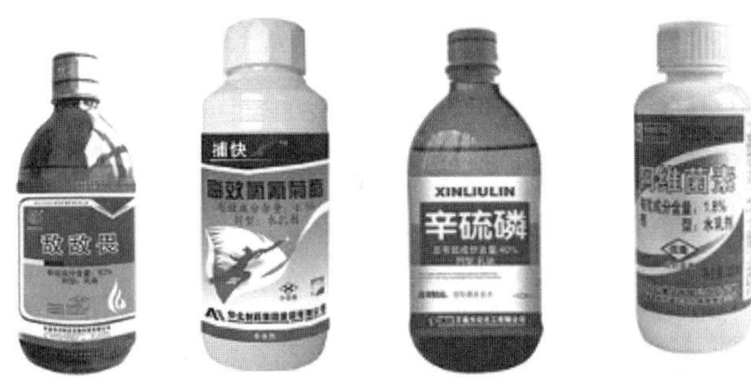

图 2－30　杀虫剂

4. 准备喷药药械及配药用具　电动背负式喷雾器、量筒、水桶等（图 2－31）。

图 2－31　电动背负式喷雾器

5. 准备防护用具　手套、胶鞋、工作服、口罩等。

四、任务实施

（一）越冬期人工防治

对于天幕毛虫、舞毒蛾、黄翅蛾等在树上越冬的害虫，可根据害虫越冬习性，在害虫越冬期，结合树木修剪，采取刮掉翘皮、清除枯死枝条、剪除有虫枝条和虫茧等措施。

主要环节：工具准备→铲除虫枝、刮除翘皮→清理场地。具体操作如下所述。

1. 工具准备　准备剪枝剪、电锯、刮树皮刀等用具，并检查剪枝剪、刮树皮刀的刃口是否锋利；检查电锯电池是否充电。

2. 铲除虫枝、虫茧　一般在深秋或早春结合树木修剪进行操作，剪除有虫枝条及虫茧，刮除翘皮。

3. 清理场地　把剪下的枝条、刮除的翘皮等收集起来，集中烧毁处理。

（二）灯光诱杀

在校园内道路附近设置黑光灯，将黑光灯与高压电网装在一起引诱害虫，将害虫诱来后让它们触及电网而死亡。

主要环节：黑光灯安装→黑光灯使用→黑光灯维护。具体操作如下所述。

1. 黑光灯安装 可利用道路两旁的电线杆或吊挂在牢固的物体上，用8号铅丝固定黑光灯。操作方法：每30～50亩设置一盏灯，灯间距离180～200m，离地面高度1.5～1.8m，呈棋盘式分布。一般在5月初装灯，10月中下旬撤灯。安装时要保证所使用电源稳定，否则可能会影响灯的使用寿命。

2. 黑光灯使用 黑光灯每天开灯时间为晚上9时到次日早上7时。接通电源，按下开关，指示灯亮即进入工作状态，接通电源后不能触摸高压电网。除停电、下雨等特殊情况，不能随意关闭黑光灯电源。雷雨天要切断黑光灯电源，以免因短路造成黑光灯损坏或导致触电、火灾等安全事故。

3. 黑光灯维护 要及时清理高压电网上的污垢，害虫发生高峰期每天打扫一次，平时3d打扫一次。注意要关灯后打扫，以免电击伤人；要勤倒接虫袋，一般3～7d清理一次，并注意清洗袋子，以免袋子被害虫咬破或被腐蚀。

（三）药剂防治

1. 杀虫剂准备 主要环节：查看杀虫剂农药标签及说明书→选择购买的农药品种→检查农药质量。具体操作同除草剂。

杀虫剂种类很多，不同杀虫剂防治对象不同，同一种杀虫剂也有多种剂型，不同的剂型在使用方法和效果方面差异也较大。因此要根据防治对象、防治要求合理选择杀虫剂农药产品。选择杀虫剂应注意以下几点。

（1）对症买药。首先要明确防治对象，根据防治对象选择农药，根据农药剂型确定施药器械。

（2）选择高效、低毒、低残毒的农药。多种农药或一种农药的不同剂型，均对防治对象有效，应选择用量少、防效高、毒性低的农药。

（3）选择价格合理的农药。选择农药要考虑产品价格，但同时还要考虑单位面积上的施药量和持效期等多种因素。持效期长，在整个植物生长季中的施药次数就少，用药成本就低；反之费用就高。

2. 药液配制 主要环节：用量计算→量取农药和水→均匀混配。具体操作如下所述。

（1）用量计算。农药制剂用量要根据制剂的有效成分百分含量、单位面积上的有效成分用量（或制剂用量、稀释倍数）及施药面积来计算。水量按喷药方式计算，每亩常规用量为60kg。

（2）称取农药和水。计算出农药制剂和水用量后，液体农药要用有刻度的量具称取。固体农药用秤量取。在开启农药包装、称量农药时，操作人员必须戴手套、口罩等必要的防护用具。

（3）均匀混配。在水桶中先加入少量水，将农药倒入，混拌均匀，然后冲洗量器2～3次，再将剩余的水全部倒入药桶中，搅拌均匀。需注意的是，不能用瓶盖倒药，不能将手伸入药液中搅拌。

选用喷雾器药箱配药（由于行道树多为高大的乔木，配药时常选用背负式电动喷雾器）。在喷雾器药箱内壁用油漆画出水位线，标定准确的体积。在药箱中先加入少量水，将农药倒入，混拌均匀，然后冲洗量器2～3次，最后加水至药箱已标记的刻度线，搅拌均匀。需注意的是，用喷雾器药箱配药时，必须做好常规检查，无漏水漏气，否则不能使用。

3. 药液喷雾 主要环节：检查喷雾器械→常规喷雾→处理剩余药液→药械养护。具体操作如下所述。

（1）检查喷雾器械。背负式电动喷雾器装药前，应检查各部件是否齐全，蓄电池是否充电，然后用清水试喷，检查各连接处是否漏水漏气，喷雾是否正常。

（2）常规喷雾。向喷雾器内加药时，药剂的液面不能超过安全水位线，喷药前先扳动摇杆10余次，使桶内气压上升到工作压力，扳动摇杆时不能过分用力，以免空气室爆炸。常规喷雾要求雾滴分布均匀，喷洒周到，药液量以叶面充分湿润但不流失为宜。

喷药时施药人员必须戴口罩，穿长袖上衣、长裤和鞋、袜；禁止吸烟、喝水、吃东西；施药后要用肥皂洗手；使用背负式机动药械，要两人轮换操作；喷药过程中如发生药械堵塞，应先用清水冲洗药械后再检查故障。绝对禁止用嘴吹吸喷头和滤网。喷药最好不要在中午进行，以免发生药害和人体中毒。

（3）处理剩余药液。工作完毕，应挖深坑，及时将喷雾器桶内残流的药液埋入坑中。同时包装瓶或包装袋中剩余的农药要集中保管。盛过农药的包装物品及装过农药的空箱、瓶、袋等要集中处理。

（4）药械养护。喷雾器中的剩余农药处理后，要及时用清水洗净喷雾器，清洗后的污水应选择安全地点妥善处理，不准随意泼洒，防止污染生活水源。同时检查空气室有无积水，如有积水，要拆下水接头，放出积水。

若短期内不使用喷雾器，应将其主要零部件清洗干净，擦干装好，置于阴凉干燥处存放。若长期不用，则要将各个金属零部件涂上黄油，防止生锈。

五、任务总结

农药是一种有毒的物品，在农药的配制、施用过程中必须严格按照《农药管理条例》要求，规范操作。通过农药的科学、合理、安全使用，充分发挥农药高效、击倒力强的优势，降低农药带来的环境污染、植物药害等危害。

六、知识支撑

（一）喷雾器的使用与维护

1. 手动背负式喷雾器 凡用来喷洒农药，防治病、虫及杂草的机械，统称为植保药械。目前国内外生产的植保药械种类很多，但依据其配套动力的不同可分为手动药械、电动药械和机动药械三大类。

手动背负式喷雾器是用人力作为动力来喷洒药液的一种手动药械。它具有结构简单、使用方便、适应性广等特点，是目前我国使用最广泛、生产量最大的一种手动喷雾器。

（1）构造与原理。它的基本构造是由药液桶、液压泵、空气室、手摇柄和喷射部件等组成。药液桶是用薄钢板或聚乙烯制成的肾形桶，桶的额定容量为14L，桶壁上标有水位线，加药时液面不能超过此线。液压泵由泵桶和皮碗组成。空气室是一个中空椭圆形塑料球壳。喷射部位由喷头、喷头片、滤网等组成。喷头是药液的雾化器，它由喷头帽、喷头片、涡流室等组成。

当上下按动摇杆时，塞杆皮碗在泵桶内做往复运动。当摇杆上行时，皮碗下方的泵桶形成真空，桶内的药液在压力的作用下，冲开进水球阀进入泵筒，完成吸水过程。当摇杆下行时，对泵桶内的药液产生压力，进水球阀堵塞进液孔，并冲开出水球阀进入空气室。如此上下往复按动，药液不断进入空气室，空气室内的空气被压缩，对药液产生压力，打开开关后，高压药液通过胶管进入喷头涡流室内产生高速旋转，并从喷头喷出，形成锥形的雾状药液雾，喷洒在目标物上。

（2）使用与保养。使用前要检查喷雾器各部件是否齐全，各接头处垫圈是否完好，泵桶内的皮碗需要用动物油浸泡，待胀软后再装上使用，然后用清水试喷，检查有无漏水漏气现象，喷雾是否正常。加药时，切勿超过药桶的水位线，打气时空气室中的药液切勿超过安全水位线，以防空气室爆炸。使用后应倒尽剩药，用清水喷几分钟，并洗刷干净。如长期存放，应将活动部件及接头处涂以黄油防腐，置于干燥通风处。

（3）故障与排除。手动背负式喷雾器工作中常见的故障与排除方法见表2－6。

表2－6　背负式手动喷雾器常见故障与排除

故障现象	故障原因	排除方法
手压摇杆感到不费力，喷雾压力不足，雾化不良	1. 进水阀被污物搁起； 2. 皮碗干缩硬化或损坏； 3. 连接部位未装密封垫或密封圈损坏； 4. 吸水管脱落； 5. 密封球松动	1. 拆下进水阀，清洗； 2. 将皮碗放在动物油或机油里浸软或更换新品； 3. 加装或更换密封垫； 4. 拧开胶管螺帽，装好吸水管； 5. 装好密封球
手压摇杆时用力正常，但不能喷雾	1. 喷头阻塞； 2. 套管或喷头滤网阻塞	1. 拆开清洗，注意不能用硬物捅喷孔，以免扩大喷孔，影响喷雾质量； 2. 拆开清洗
泵盖处漏水	1. 药液加得过满，超过泵筒上的回水孔； 2. 皮碗损坏	1. 倒出些药液，使液面低于水位线； 2. 更换新皮碗
各连接处漏水	1. 螺丝未旋紧； 2. 密封圈损坏或未垫好； 3. 直通开关芯表面油脂涂料少	1. 旋紧螺丝； 2. 垫好或更换密封圈； 3. 在开关芯上涂上一层薄薄的油脂
直通开关拧不动	开关芯被农药腐蚀而黏住	拆下开关，在煤油或柴油中清洗；如拆不开，可将开关放在煤油中浸泡一些时间再拆

2. 电动背负式喷雾器　电动背负式喷雾器是以蓄电池为能源，驱动微型直流电机带动液泵进行工作的一种电动药械。它是在手动背负式喷雾器基础上进行改进的一种产品，结构简单、操作容易、适用性广，提高了喷雾器的工作效率，减轻了操作人员的劳动强度。

（1）构造与原理。电动背负式喷雾器主要由电机泵、蓄电池、充电器、药液桶、胶管、喷杆、开关和喷头等组成。

电动背负式喷雾器由低压直流电源提供能源，驱动低压电动水泵转动，使泵内产生高压，将药液桶内液体吸出，通过输液管进入喷杆，经喷洒部件喷射出雾状药液。

（2）使用与保养。电动背负式喷雾器使用前要检查各部件是否齐全，各连接处是否漏水漏气，喷雾是否正常。加药时，切勿超过药桶的安全水位线，打气时空气室中的药液切勿超过安全水位线。使用后应倒尽药液桶内残流的药液，清理电动背负式喷雾器表面的油污和灰尘。用清水洗刷药箱，并擦拭干净。检查各连接处是否漏水漏电，各部螺钉是否松动、丢失，蓄电池是否充足电。蓄电池必须充电后存放，每次使用前进行一次充电，以防止蓄电池电量不足，蓄电池以深放电60%～70%时充一次电为佳，平均充电时间为8h左右。电动背负式喷雾器要放在干燥通风处保养，勿近火源，避免日晒。

长期存放保养时，应将电动背负式喷雾器表面仔细清洗干净，放净药液桶和液泵内的药液，并用清水清洗干净，蓄电池每隔一个月充一次电，存放时各种塑料件不要长期暴晒，不得磕碰、挤压。活动部件及接头处涂以黄油防腐，整机用塑料罩盖好，放于干燥通风处。

（3）故障与排除。电动背负式喷雾器工作中常见的故障与排除方法见表2-7。

表2-7 电动背负式喷雾器常见故障与排除

故障现象	故障原因	排除方法
水泵不转	电量过低	清除泵内杂质，激活或更换蓄电池，充电
水泵时转时停	泵内有杂质	清除泵内杂质
水泵启动后不出水	水泵内部缺水或内部进入垃圾导致隔膜不工作	在水泵运转时利用抽吸力使隔膜恢复工作或拆卸水泵清除泵内杂物
静电吸附效果差或无吸附	喷嘴雾化不良，手柄内漏水受潮，操作者鞋底太绝缘，喷嘴内有杂物	清洗喷嘴使物化正常，消除漏水因素，操作者更换工作鞋
打开总开关和手柄开关时指示灯不亮，机器不运作	充电插座保险丝松动或内部断电，电池无电或损坏	装紧保险丝，充电或更换电池
手柄开关失灵	磁推动开关滑块盖磁力弱	更换开关或更换磁性滑盖
手柄抖动厉害	水泵工作异常，压力不均匀	清除泵内杂物或更换水泵
雾化效果差	喷嘴调节未到位，喷嘴内有小颗粒垃圾或旋转芯未装	调节喷嘴，清洗喷嘴，装入旋转芯
背部麻电	桶口有水溢出使桶体和人背受潮	修正背垫，固定螺丝，用102胶水填补漏洞，擦干桶口或桶体溢水
底部麻电	底部进水受潮	干燥桶底
手柄处渗水	喷杆和手柄连接处未拧紧	拧紧喷杆接头
喷头处漏水	喷杆头部未安装○形圈或接头处未拧紧	加装○形圈，拧紧接头
喷头不出雾或喷量小	喷嘴内部阻塞或电量不足	清除阻塞物，充电

（续）

故障现象	故障原因	排除方法
手柄处有麻电感	手柄内部渗水受潮，喷杆与手柄连接不紧密	装紧喷杆，干燥手柄内部
机器连接运转时间短	蓄电池过度放电或未及时充电而受损，水泵功率过大，充电不足或充电器有故障	充电或更换充电器，更换水泵
机器突然停止工作	蓄电池电量过低	及时充电

（二）园林食叶害虫常用杀虫剂

杀虫剂品种繁多，在园林绿化场所，人为活动频繁，应尽量选择高效、低毒、低残毒、无异味的药剂，以免影响观赏效果，造成环境污染。现介绍几种常用的防治食叶害虫的杀虫剂。

1. 敌敌畏

农药剂型：50％、80％乳油。

杀虫特性：具有胃毒、触杀和强烈的熏蒸作用，对害虫击倒力强而快。

防治对象：食叶害虫、钻蛀害虫等。

使用方法：80％乳油配成1 200～1 500倍液喷雾。温室、大棚内可用于熏蒸，用量为0.30g/m^2。

注意事项：对人畜有害。月季、榆叶梅、梅花、樱花等对此药敏感，易产生药害。药剂随配随用，不可久存。

2. 辛硫磷

农药剂型：商品名称为倍腈松、肟硫磷。3％、5％颗粒剂，50％、80％乳油。

杀虫特性：具触杀和胃毒作用。

防治对象：鳞翅目幼虫及蚜、螨、蚧类等。

使用方法：50％乳油配成1 000～1 500倍液喷雾。

注意事项：对人畜低毒。遇光易分解，应使用深色玻璃瓶包装，不能与碱性药剂混用。

3. 溴氰菊酯

农药剂型：商品名称为敌杀死。2.5％乳油。

杀虫特性：具有强烈的触杀作用，兼具胃毒和一定的杀卵作用。吸附性好，耐雨水冲刷。

防治对象：对鳞翅目幼虫和同翅目害虫有特效。

使用方法：2.5％乳油配成4 000～6 000倍药液喷雾。

注意事项：对人畜低毒，施药要均匀周到，不能与碱性农药混用，否则易产生药害。

4. 氯氰菊酯

农药剂型：商品名称为安绿宝。10％乳油。

杀虫特性：具有强烈的胃毒、触杀作用，并有拒食、杀卵作用。

防治对象：食叶害虫和刺吸害虫。

使用方法：10％乳油配成3 000～4 000倍药液喷雾。

注意事项：对人畜低毒，但对蜜蜂、鱼类毒性大。

5. 杀螟松

农药剂型：商品名称为速灭虫。50%乳油，2%、3%粉剂。

杀虫特性：胃毒、触杀广谱性杀虫剂，渗透性强。

防治对象：食叶害虫、刺吸害虫，尤其对螟蛾类及潜叶、卷叶害虫防治效果好。

使用方法：50%乳油配成1 000～1 500倍液喷雾。

注意事项：对人畜中毒。不能与碱性药剂混用，不能用铁、铜容器贮藏，使用时要随配随用，不可久置。十字花科花卉对其敏感，要慎用。

6. 马拉硫磷

农药剂型：商品名称为马拉松。50%乳油，3%粉剂。

杀虫特性：触杀、胃毒作用较强。

防治对象：食叶害虫和刺吸害虫。对螨类、钻蛀害虫、地下害虫防治效果差。

使用方法：50%乳油配成1 000～2 000倍药液喷雾。

注意事项：对人畜低毒，不宜与碱性或酸性物质接触，不能用金属器皿贮存，否则容易分解失效。对蜜蜂、鱼类有剧毒。

7. 阿维菌素

农药剂型：商品名称为灭虫灵、爱福丁。1%、0.6%、1.8%乳油。

杀虫特性：抗生素类杀虫剂。具触杀、胃毒作用，无内吸作用。

防治对象：对鳞翅目、鞘翅目、同翅目及螨类防治效果好。

使用方法：1.8%乳油配成1 000～3 000倍药液喷雾。

注意事项：对人畜低毒，对鱼、蚕、蜜蜂毒性大。此品不能与碱性农药混用，该药无内吸作用，喷药时应注意喷洒均匀、细致周密。

8. 苏云金杆菌

农药剂型：商品名称为Bt乳剂。每毫升有100亿孢子。

杀虫特性：胃毒作用，细菌性杀虫剂。对人畜安全，植物不产生药害，对环境无污染。

防除对象：食叶害虫。

使用方法：商品农药稀释成400～600倍药液喷雾。

注意事项：桑园禁用。在害虫低龄期施用效果好，使用时不能与杀菌剂混用。

七、任务训练

（一）知识训练

1. 单选题

（1）树木休眠期修剪对防治（　　）害虫有效。

A. 树上越冬的害虫　　B. 树体内越冬的害虫

C. 土壤中越冬的害虫　　D. 枯枝落叶中越冬的害虫

（2）安装黑光灯的高度为距离地面（　　）m。

A. 0.5～0.8　　B. 1.0～1.5　　C. 1.5～1.8　　D. 2.0～2.5

（3）黑光灯每天开灯时间为（　　）。

A. 晚上7时到次日早上7时　　B. 晚上9时到次日早上7时

C. 晚上 9 时到次日早上 9 时　　D. 晚上 7 时到次日早上 9 时

(4) 电动喷雾器的蓄电池一般以深放电（　　）时充一次电为佳。

A. 40%～50%　　B. 50%～60%　　C. 60%～70%　　D. 70%～80%

(5)（　　）属于菊酯类农药。

A. 马拉松　　B. 敌杀死　　C. 阿维菌素　　D. 杀螟松

(6) 能够用于温室、大棚熏蒸的农药是（　　）。

A. 敌敌畏　　B. 辛硫磷　　C. 马拉硫磷　　D. 杀螟松

(7) 属于生物农药的是（　　）。

A. 氯氰菊酯　　B. 阿维菌素　　C. 马拉硫磷　　D. 杀螟松

(8)（　　）遇光易分解，应使用深色玻璃瓶包装。

A. 敌敌畏　　B. 辛硫磷　　C. 溴氰菊酯　　D. 杀螟松

2. 判断题

(1)（　　）黑光灯一般在 5 月初装灯，7 月末撤灯。

(2)（　　）黑光灯要及时清理高压电网上的污垢，在害虫发生高峰期每 3d 打扫一次。

(3)（　　）手动背负式喷雾器是用人力作为动力来喷洒药液的一种药械。

(4)（　　）称量农药时，操作人员必须戴手套、口罩等必要的防护用具。

(5)（　　）电动背负式喷雾器由 220V 电源提供能源。

(6)（　　）电动背负式喷雾器启动后雾化效果差是由于蓄电池电量不足。

(7)（　　）杀螟松对人畜具有中度毒性。

(8)（　　）Bt 乳剂是苏云金杆菌的商品名称。

(9)（　　）溴氰菊酯对鳞翅目幼虫和同翅目害虫有特效。

(10)（　　）阿维菌素属于细菌性杀虫剂。

3. 填空题

(1) 目前国内外生产的植保药械依其配套动力的不同可分为（　　）、（　　）、（　　）三大类。

(2) 按照杀虫剂常规喷雾，每亩地水的用量为（　　）。

(3) 手动背负式喷雾器由（　　）、（　　）、（　　）、（　　）和（　　）组成。

(4) 电动背负式喷雾器启动后水泵不转的原因可能是（　　），应采取措施加以排除。

4. 问答题

(1) 选择杀虫剂时应注意哪些问题？

(2) 手动背负式喷雾器常见的故障有哪些？怎样排除？

(3) 电动背负式喷雾器与手动背负式喷雾器相比具有哪些优点？

(4) 电动背负式喷雾器的蓄电池应怎样养护？

(5) 若某园林绿地交于你养护管理，你会采取哪些措施来防治食叶害虫？

（二）技能训练

任　务　单

任务编号	2-4
任务名称	校园绿篱食叶害虫药剂防治
任务描述	按照校园绿篱食叶害虫防治方案，通过杀虫剂准备、药液配制、药液喷雾、药械清洗保养、残液处理等程序步骤，对校园绿篱食叶害虫实施喷药防治
计划工时	4
完成任务要求	1. 药剂防治方案制定科学合理可行； 2. 农药试剂用量和水量计算准确； 3. 称量用具要有计量刻度标记； 4. 称取农药试剂及稀释用水准确； 5. 药液配制均匀； 6. 检查喷雾器各部件齐全，无漏水漏气； 7. 按照农药操作规程，熟练进行常规喷雾； 8. 对剩余药液进行妥善处理； 9. 正确清洗喷雾器并进行常规养护
任务实现流程分析	1. 拟定农药防治方案； 2. 准备农药配制施用所需器械、用具； 3. 计算农药用量和水量； 4. 称量农药制剂和稀释用水； 5. 药液配制； 6. 检查喷雾器； 7. 按操作规程喷雾； 8. 处理剩余药液； 9. 药械养护
提供素材	杀虫剂、喷雾器、水桶、量具、铁锹等

实　施　单

任务编号	2-4
任务名称	校园绿篱食叶害虫药剂防治
计划工时	4
实施方式	小组合作□　独立完成□
实施步骤	

任务考核评价表

<table>
<tr><td>任务编号</td><td colspan="5">2-4</td></tr>
<tr><td>任务名称</td><td colspan="5">校园绿篱食叶害虫药剂防治</td></tr>
<tr><td rowspan="15">考核要点</td><td>考核内容
（主要技能点）</td><td>标准分
（100）</td><td>自我评价</td><td>小组评价</td><td>教师评价</td></tr>
<tr><td>制定防治方案</td><td>10</td><td></td><td></td><td></td></tr>
<tr><td>准备所需药械、用具</td><td>5</td><td></td><td></td><td></td></tr>
<tr><td>选择杀虫剂并检查质量</td><td>5</td><td></td><td></td><td></td></tr>
<tr><td>计算农药用量和水量</td><td>5</td><td></td><td></td><td></td></tr>
<tr><td>称量农药制剂和稀释用水</td><td>10</td><td></td><td></td><td></td></tr>
<tr><td>配制药液</td><td>10</td><td></td><td></td><td></td></tr>
<tr><td>检查喷雾器</td><td>5</td><td></td><td></td><td></td></tr>
<tr><td>常规喷雾</td><td>15</td><td></td><td></td><td></td></tr>
<tr><td>药械养护</td><td>5</td><td></td><td></td><td></td></tr>
<tr><td>处理剩余药液</td><td>5</td><td></td><td></td><td></td></tr>
<tr><td>工具清理返还</td><td>5</td><td></td><td></td><td></td></tr>
<tr><td>工作态度</td><td>5</td><td></td><td></td><td></td></tr>
<tr><td>小组工作配合表现</td><td>10</td><td></td><td></td><td></td></tr>
<tr><td>问题解答</td><td>5</td><td></td><td></td><td></td></tr>
<tr><td>总评成绩</td><td colspan="2"></td><td></td><td></td><td></td></tr>
<tr><td>综合成绩</td><td colspan="5">任课教师（签字）：
年 月 日</td></tr>
</table>

项目小结

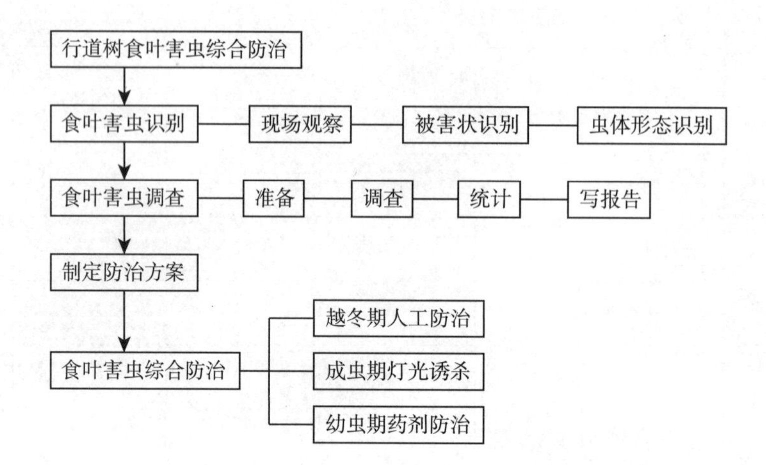

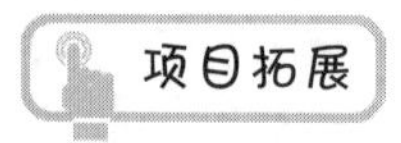

一、知识拓展

（一）刺吸害虫

1. 刺吸害虫发生特点 园林植物刺吸害虫种类较多，包括同翅目的蚜虫、介壳虫、叶蝉、蜡蝉、木虱、粉虱和半翅目的椿象、缨翅目的蓟马、蜱螨目的螨类等。其发生特点如下所述。

（1）以刺吸式口器吸取植物幼嫩组织的养分，导致枝叶枯萎。

（2）发生代数多，高峰期明显。

（3）个体小，繁殖力强，发生初期危害状不明显，容易被人忽视。

（4）扩散蔓延迅速，借风力、苗木传播。

（5）多数种类可传播病毒病。

2. 刺吸害虫防治技术要点 贯彻“预防为主，综合防治”的植保工作方针，做好虫情调查，抓好早期防治。主要采取以下措施。

（1）加强检疫。在引进和调出苗木、接穗时，要严格执行植物检疫措施，防止松突圆蚧、烟粉虱等检疫对象的传入和传出，对于带虫的植物材料应立即进行消毒处理。

（2）园林技术防治。加强园林植物的抚育管理：实行轮作，合理施肥，清除树木、花卉附近的杂草和枯枝落叶，提高植株自然抗虫性；合理确定植株种植密度，合理疏枝，改善通风透光条件；冬季或早春，结合修剪，剪去有虫枝条，集中烧毁，减少越冬虫口密度。

（3）诱杀灭虫。使用黄板诱杀蚜虫、白粉虱，利用蓝板诱杀蓟马，采用银白色锡纸反光拒栖迁飞的蚜虫等。

（4）保护利用天敌。刺吸害虫的天敌很多，最常见的有瓢虫、食蚜蝇、草蛉等捕食性天敌昆虫和蚜茧蜂、蚜小蜂等寄生性天敌昆虫。要注意保护天敌，在园林绿地中栽植一定数量的开花植物以利于天敌活动。天敌较多时，尽可能不使用广谱性杀虫剂；天敌较少时进行人工助迁或人工饲养繁殖，发挥天敌的自然控制作用。

（5）药剂防治。根据刺吸害虫的危害习性，选择吡虫啉、叶蝉散等内吸性药剂进行防治。对于有迁飞习性的害虫，应加强虫情预报，于害虫迁飞扩散前采取措施，控制危害。

（二）钻蛀害虫

1. 钻蛀害虫发生特点 园林植物钻蛀害虫主要包括鞘翅目的天牛、小蠹虫、吉丁虫和象甲，鳞翅目的木蠹蛾、透翅蛾和螟蛾，膜翅目的树蜂和茎蜂等。多数钻蛀害虫危害长势衰弱或濒临死亡的树木，以幼虫钻蛀树干进行危害。钻蛀害虫危害的特点如下所述。

①除成虫期营裸露生活外，其他虫态均在树干中生活。害虫危害初期不易被发现，一旦出现明显危害征兆，则已失去防治的有利时机。

②钻蛀害虫大多生活在植物组织内部，受环境条件影响小，天敌少，虫口密度相对稳定。

③钻蛀害虫蛀食植物的韧皮部、木质部等，影响植物输导组织输送养分、水分，导致树势衰弱，一旦受侵害，植株很难恢复生机。

2. 钻蛀害虫防治技术要点 钻蛀害虫的发生与园林植物的抚育管理密切相关。适地适树，加强抚育管理，合理修剪，适时灌水和施肥，促使植物健康生长，是预防钻蛀害虫大发生的根本途径。

（1）人工防治。利用大多数钻蛀害虫成虫飞翔力不强，有假死性的特点，可人工捕捉成虫；根据天牛刻槽产卵的习性，寻找产卵刻槽，用硬物人工击卵；经常检查树干，发现有新鲜虫屑时，用铁丝钩杀幼虫，特别是对于当年新孵化不久的小幼虫，此法更易操作。

（2）清除虫源。及时剪除被害枝梢，更新衰老树，使钻蛀害虫无适宜的产卵场所。对钻蛀害虫发生严重的绿化地，除古树名木外，伐除受害严重的虫源树，及时清除枯死木、风折木等。

（3）诱杀灭虫。可设置黑光灯或应用性诱剂诱杀钻蛀害虫的成虫。也可采用饵木进行诱杀，如用侧柏木段作为饵木，诱杀双条杉天牛。

（4）树干涂白。在树干基部80cm以下涂刷白涂剂可有效预防成虫产卵。白涂剂配方为：石灰10kg＋硫黄1kg＋盐10g＋动物油适量＋水20～40kg。

（5）生物防治。可在林地设置人工巢，招引鸟类定居。也可采取人工饲养寄生性天敌昆虫并释放于田间的方法防治钻蛀害虫。

（6）化学防治。根据钻蛀害虫的危害习性，选择最适宜的杀虫剂种类、用药方法和用药时期，提高防治效果。害虫钻蛀前，可选用触杀剂或胃毒剂，如辛硫磷、西维因等，在成虫羽化盛期喷药效果较好；钻蛀以后，如防治天牛、吉丁虫等蛀食木质部的害虫，可将药剂注射入蛀孔内，或用浸药棉塞孔，或做成毒签插入蛀孔中，外用泥封孔，效果较好；如防治苹果巢蛾等蛀食韧皮部的害虫，可选用敌敌畏等药剂加煤油搅拌后涂抹虫疤。

（7）加强检疫。对调运的苗木要严格检疫，杜绝人为传播。

（三）地下害虫

1. 地下害虫发生特点 地下害虫也称根部害虫，主要危害幼苗、幼树根部或近地面的幼茎。地下害虫种类多、适应性强、分布广、危害重，是苗圃和草坪中经常发生的一类害虫。在园林生产上尤以蝼蛄、蛴螬、金针虫、小地老虎及根蛆等最为常见。由于地下害虫长期生活在土壤中，所以它们形成了一些不同于其他害虫的发生危害特点，具体介绍如下。

（1）地下害虫寄主范围比较广，各种花卉、果树、林木、草坪等的幼苗和播下的种子均会受害。

（2）地下害虫生活周期比较长，一般少则1年一代，多则2～3年发生一代。

（3）土壤为地下害虫提供栖居、庇护、温度、空气、食物等必不可少的生活条件，因此地下害虫的分布和生命活动与土壤的理化性质密切相关。

（4）从春季到秋季，地下害虫危害期贯穿整个植物生长季节，加之它们在土壤中潜伏危害，不易被及时发现，因而增加了防治的困难。

2. 地下害虫防治技术要点 地下害虫的防治必须采用“地下害虫地上治，成虫幼虫结合治、圃内圃外选择治”的防治策略。

（1）园林技术防治。秋季深翻，将越冬虫体翻至表土遇低温冻死；施用充分腐熟的有机肥，减少蝼蛄等地下害虫产卵。清除苗床及圃地杂草，减少虫源。

（2）人工捕杀。结合耕翻，检出越冬成虫和幼虫。利用地下害虫的假死性，人工捕杀成虫。清晨巡视苗圃，发现断苗，刨土捕杀幼虫。

（3）生物防治。地下害虫的天敌种类很多，如步行虫、虎甲、青蛙、蟾蜍及鸟类，要加以保护和利用。

（4）诱杀灭虫。利用地下害虫的趋性，在春季成虫羽化盛期，设置黑光灯诱杀或使用糖醋液诱杀，也可将农药与炒熟的麦麸或豆饼等混拌制成毒饵诱杀。

（5）药剂防治。药剂防治地下害虫主要采用拌种、拌毒土、药液灌根及喷雾、树干涂药等方式。

二、能力拓展

任 务 单

任务编号	2-5
任务名称	马兰湖小游园花灌木害虫综合防治
任务描述	在某学校校园东北侧，人工开掘了占地2hm²的马兰湖，并在其四周开辟出3hm²小游园供师生休闲、观赏、游览和读书使用。为使马兰湖小游园内花灌木免遭害虫危害，确保其绿化观赏效果，而达到美化环境，愉悦游人心情的目的，园林专业学生要完成小游园内花灌木害虫的防治工作，实地调查并正确识别害虫种类是前提条件，制定切实可行的综合防治方案是关键，实施有效的防治措施是方法，达到防治效果是目的
计划工时	课外完成
完成任务要求	1. 能正确识别常见食叶害虫、刺吸害虫、钻蛀害虫和地下害虫； 2. 能采用正确的调查方法对小游园害虫发生情况进行调查并对害虫发生趋势做出初步判断； 3. 能制定出合理的综合防治措施； 4. 能对小游园实施有效的害虫防治措施，达到减轻害虫危害的目的
任务实现流程分析	1. 害虫种类识别； 2. 害虫实地调查； 3. 制定综合防治方案； 4. 实施害虫防治措施
提供素材	放大镜、镊子、剪枝剪、体式显微镜、电工刀、注射器、杀虫剂、喷雾器等

实　施　单

任务编号	2-5
任务名称	马兰湖小游园花灌木害虫综合防治
计划工时	课外完成
实施方式	小组合作□　独立完成□
实施步骤	

任务考核评价表

任务编号	2-5				
任务名称	马兰湖小游园花灌木害虫综合防治				
考核要点	考核内容（主要技能点）	标准分（100）	自我评价	小组评价	教师评价
	害虫种类识别	10			
	害虫调查方法	10			
	害虫调查结果	10			
	害虫防治措施选择	10			
	害虫综合防治方案	10			
	害虫防治措施实施	20			
	害虫防治效果	10			
	工作态度	5			
	小组工作配合表现	10			
	问题解答	5			
总评成绩					
综合成绩	任课教师（签字）： 年　月　日				

项目3 园林植物病害防治

引例描述

在某学校的校园内种植有近200株梨树，自1994年在正门主道两侧栽植桧柏后，由于梨树和桧柏两种寄主植物种植距离过近，所以引发了梨-桧锈病发生，并逐年加重，发病率高达90%以上，严重影响了梨树的绿化效果和经济效益。为此学校砍伐了桧柏，改种草本花卉，并对梨树实施药剂防治，取得了明显效果。在园林植物上发生的以危害叶片为主的病害称为叶部病害，梨-桧锈病是众多叶部病害中的一种。

教学导航

学习目标	• 知识目标 1. 熟悉常见园林植物病害识别特征； 2. 明确园林植物病害的调查统计方法； 3. 掌握当地主要园林植物病害的发生规律； 4. 掌握园林植物病害的综合防治措施； 5. 明确农药安全使用及预防农药中毒措施 • 能力目标 1. 能识别本地区常见园林植物病害； 2. 能正确编制调查表格并确定病情严重等级； 3. 能正确统计发病率和病情指数； 4. 会通过网络、图书等途径查询相关信息； 5. 能根据调查结果，针对主要园林植物病害制定有效的防治方案； 6. 能合理利用各种栽培措施有效控制环境温、湿度，减轻发病； 7. 能结合田间管理，及时清洁田园，减少菌源数量； 8. 能安全、熟练、规范地配制杀菌药液并喷施到目标物上； 9. 能够对农药中毒人员实施有效急救措施
项目重点	1. 常见园林植物病害的识别； 2. 园林植物病害的田间调查； 3. 杀菌剂的配制与使用
项目难点	1. 园林植物病害种类识别； 2. 温、湿度的调控
学习方法	任务驱动法
建议学时	40～44学时

任务 1　月季叶部病害识别

一、任务描述

在学校校园西部建有 20 栋日光温室作为种植类专业实训基地，其中 4 栋日光温室栽植切花月季。但月季在生长发育过程中常常会受到各种病害的威胁，特别是白粉病、黑斑病等叶部病害在保护地条件下极易发生，只有控制住这些病害的发生，才能保证月季健壮生长。月季病害种类不同，发生规律不同，相应的防治措施也有所不同，因此正确识别月季病害种类是有效防治病害的前提和关键。

二、任务分析

植物病害的正确诊断是植物病害防治工作的重要环节。只有对病害做出正确的诊断，找出病害的发生原因，才能制定出针对性强的防治措施。因此对植物病害的正确诊断是科学、有效防治的前提。

月季叶部病害诊断一般是通过现场观察、症状识别、病原鉴定等程序，根据当地所具有的条件，因地制宜地进行。对有些不能诊断的病害，可将病害标本送到有关单位进行鉴定。病害识别可按照下面方法和步骤进行：

现场观察 ⟶ 症状识别 ⟶ 病原鉴定

三、任务准备

1. 症状观察用仪器及用具准备　数码相机、放大镜、剪枝剪、记录笔、记录本等症状观察仪器及用具（图 3－1）。

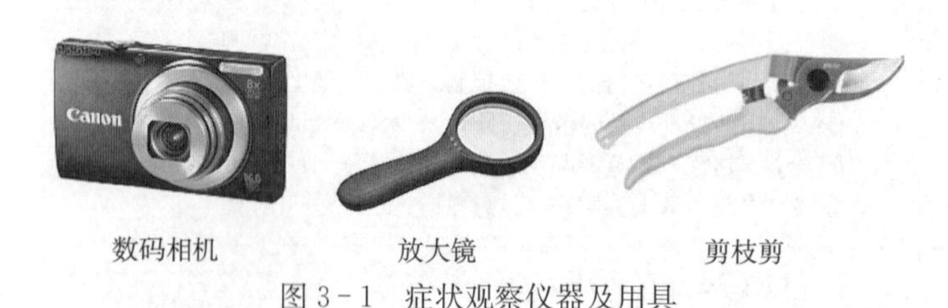

图 3－1　症状观察仪器及用具

2. 病原观察用仪器及用具准备　显微镜、滴瓶、载玻片、盖玻片、刀片、挑针、培养皿、滤纸、镊子等（图 3－2）。

3. 病害种类鉴定工具准备　园林植物病害图谱、植物病害检索表、植物病害识别软件等。

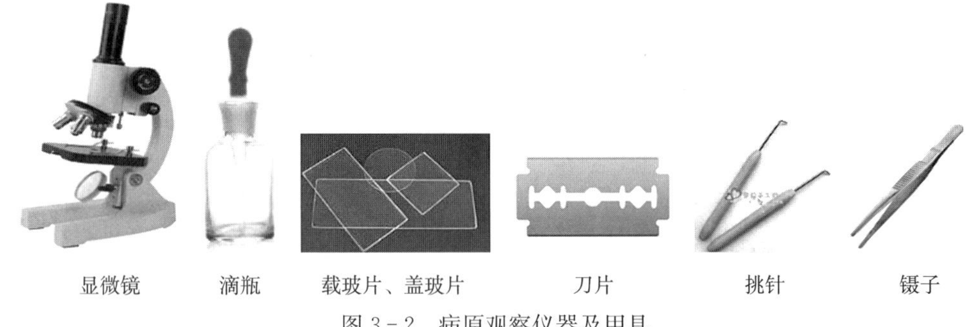

图 3-2　病原观察仪器及用具

四、任务实施

该任务工作程序包括现场观察、症状诊断、病原鉴定。具体步骤如下所述。

（一）现场观察

主要环节：观察病害发生状况→确定病害危害部位→判断病害类型。具体操作如下所述。

1. 观察病害发生状况　植物病害的发生与环境条件有着密切关系。现场观察病害的发生与地形、地势、土壤、气象、栽培、农药使用以及附近的废气、废水和烟尘等的关系。仔细观察病害发生的范围，初步判断是侵染性病害还是非侵染性病害。侵染性病害大多零散发生，且能互相传染；而非侵染性病害常成片发生，但不能相互传染。

2. 确定病害危害部位　观察月季病害的发生范围，确定病害的主要危害部位，并填写表 3-1。

表 3-1　月季病害发生情况描述

编号	病害发生范围	危害部位	备注
1			
2			
3			
…			
n			

注意：危害部位主要填写病害危害的植物器官，发生范围则关注被害植株在植株群体中的分布情况。

3. 判断病害类型　从月季病害发生部位可将病害分为三大类，即叶部病害、茎干病害和根部病害。以叶片受害为主，包括叶、花、果病害，常引起提早落叶、落花、落果，削弱植物生长势，属于叶部病害；枝条、主干受害后，常引起枝枯或全株枯死，属于茎干病害；主要危害植物的根茎及地下部分，表现为根部及根颈部皮层腐烂、根部和根颈部出现瘤状突起、根部和干基部腐朽等，属于根部病害。

（二）症状识别

主要环节：症状观察→症状描述→识别病害种类。具体操作如下所述。

1. 症状观察 现场采集月季病叶、病花，用肉眼或放大镜观察病害症状。植物病害的症状是植物感病后所表现出来的病态特征。它既包括感病植物全株或局部的反常变化，称为病状；也包括病原物表现的特征，称为病征。因此，症状观察应从病状和病征两方面着手。

(1) 病状观察。月季叶部病害的病状多表现为在病部形成坏死病斑，抑或出现叶片变色。观察时重点检查病斑发生的部位、形状、颜色，以及有无轮纹等。

(2) 病征观察。叶部病害的病征主要需要区别真菌性病害、细菌性病害和病毒病害。在病部出现粉状物、霉状物、点状物是真菌性病害的病征表现，脓状物是细菌性病害的特有病征，而病毒性病害则没有病征表现。

2. 症状描述 根据掌握的病害知识，对所观察的病害进行症状描述，并填写表 3-2。

表 3-2 月季叶部病害症状描述

编号	危害部位	症状描述	备注
1			
2			
3			
…			
n			

注意：先将采集的标本进行编号，注明病害的危害部位，并对所观察症状从病状、病征两方面进行描述，确定病状、病征类型。

3. 识别病害种类 对于具有特异性症状的病害和常见病害，如白粉病、锈病，根据症状即可做出判断，亦可借助工具书和识别软件进行诊断。不能依据症状判断其种类的，应做病原鉴定。

(三) 病原鉴定

主要环节：采集病害标本→制片观察→确定病害种类。具体操作如下所述。

1. 采集病害标本 用剪枝剪剪取月季有病的叶、花等。采集时应力求做到：病状要典型、病征要完全，并且注意采集标本不能相互混杂。

由于病征往往在病害发展到后期才出现，故采集标本时常没有病征出现。为了识别病原，可将标本放在保湿器中保湿 1～2d，诱发病征出现。

2. 制片观察 取擦净的载玻片，中央滴一滴蒸馏水或乳酚油。从病害标本上取下病原物，放在载玻片水滴中，从水面一侧盖上盖玻片，注意防止产生气泡或将病原冲溅到盖玻片外，盖玻片边缘多余的水分可用滤纸吸去。

根据病原物特征，常采用“挑”“刮”“拨”“切”病原物的方法，徒手装片。对标本表面具有明显茂密的毛、霉、粉、锈等病原物的，可用挑针挑下病原物；对毛、霉、粉等病原物分散稀少的，可用刀片刮下病原物；对半埋生在寄主植物表面下的病原物，可用挑针将病原物连其周围组织一同拨下；对埋生在病组织中的病原物，需做切片。切片时，先选择病原物较多的材料，加水湿润后放在载玻片或小木板上，将材料切成薄片，越薄越好，或将材料夹在鲜胡萝卜或莴苣中，刀口向内由左向右切割，并将切片置于盛水的培养皿中，装片观察。

在生物显微镜下观察病原，观察时注意先在低倍镜下观察，找到病原物后，再转换成高倍镜，进行病原特征观察，并绘制病原的形态特征图。

3. 确定病害种类 根据病害标本的症状特征和镜下观察到的病原形态，借助检索表等工具，进行病原鉴定，进而确定病害种类。对于本地区新的病害或少发病害可将病害标本送到有关单位，通过人工接种鉴定病害种类。

五、任务总结

园林植物病害诊断的目的是查清发病的原因，确定病原的种类，再根据病原特性和发病规律，对症下药，及时有效地防治病害。对于常见病害，一般根据症状特点、病原特征即可做出判断，对症状容易混淆的，或少见的、新的病害，要经过一系列诊断程序方能确定。

六、知识支撑

（一）认识园林病害

1. 园林植物病害危害特点 植物在其生长发育过程中受到不良环境条件的影响或遭受其他生物的侵染，使其正常的生长发育受到干扰和破坏，在生理、组织和形态上发生一系列病理变化，并出现各种不正常状态，造成生长受阻、产量降低、质量变劣甚至植株死亡，这种现象称为植物病害。

植物病害的发生都有一定的病理变化过程（即病理程序），而风、雹、虫等对植物所造成的突发性机械损伤及组织死亡，因缺乏病理变化过程而不能称为病害。但是并非所有具有植物病理变化过程的现象都称为病害。例如异常美丽的金心黄杨和银边虎皮兰是因为受到病毒的感染，羽衣甘蓝是食用甘蓝病变的产物，绿菊和绿牡丹也是病变的杰作，这些植物非但没有因为发生病害而降低经济价值，反而被视为观赏园林中的珍品，经济价值倍增，因而这种也不能称为病害。

2. 症状类型

（1）病状类型。

①变色。植物感病后，失去正常的绿色称为变色。变色大多发生在叶片上。叶片均匀地变为浅黄、黄绿称为褪色，褪成黄色称为黄化；叶片不均匀褪色，呈黄绿相嵌称为花叶；叶片变红或紫红称为红叶。

②坏死。植物感病后，受害部位的细胞或组织死亡称为坏死。坏死最常见的表现是病斑。病斑的颜色不一，有褐斑、黑斑、灰斑等，病斑的形状多种多样，有圆斑、角斑、轮纹斑等，病斑组织的坏死程度不一致，有褪绿斑、坏死斑、溃疡、疮痂等。

③腐烂。有病组织的细胞受破坏而离解，引起组织溃烂称为腐烂。肉质多汁的组织多出现湿腐。组织较坚硬，含水分较少或腐烂后很快失水时多引起干腐。

④萎蔫。植物由于失水而导致枝叶萎垂的现象称为萎蔫。萎蔫急速，枝叶初期仍为青色的称为青枯；萎蔫进展缓慢，枝叶逐渐变黄干枯的称为枯萎。

⑤畸形。受害植物的细胞或组织过度增生或受到抑制而造成的形态异常称为畸形。如植株徒长、矮化、丛枝、肿瘤、叶片皱缩、卷叶、蕨叶等。

（2）病征类型。

①霉状物。病部表面产生各种颜色的霉层。如霜霉、青霉、灰霉、黑霉、赤霉。

②絮状物。病部产生的各种颜色的棉絮状或蛛网状物。

③粉状物。病部产生的各种颜色的粉状物。

④粒状物。病部产生的各种形状大小不一的颗粒状物。

⑤脓状物。病部产生的乳白色或淡黄色，似露珠的脓状黏液，干燥后成黄褐色胶粒或薄膜。

症状是识别植物病害的重要依据，因为多数病害的症状都具有相对稳定性，但症状表现也不是固定不变的。有时几种类型症状会同时出现于同一植株上，如花叶常伴随器官的畸形，从枝常伴随叶片变小或植株矮化等。而同一种病害，在不同种类或品种的植物上常表现出不同的症状，有的病害在同种植物的不同生育期症状也有变化。因此，对某些病害不能只根据一般的症状下结论，必要时还应进行病原的鉴定。

3. 病原种类 引起园林植物发生病害的原因称为病原。植物病害的病原按其性质可分为非生物因素和生物因素两大类。非生物因素是指植物周围环境的不良因素，如养分失调、水分不均、温度不适及空气中有毒物质的毒害等；由非生物因素引起的病害称为非侵染性病害或非传染性病害，也称生理性病害，其特点是病害不具传染性。而生物因素是指能够引起植物发病的病原生物，简称病原物。被寄生的植物称为寄主植物。病原物主要有真菌、细菌、病毒、线虫和寄生性种子植物等。由生物因素引起的病害称为侵染性病害或传染性病害，也称为病理性病害，其特点是病害具有传染性。

（1）植物病原真菌。在植物病害中，真菌病害是种类最多和最重要的类型，80%以上的病害是由真菌引起的，如月季白粉病、杨树腐烂病、仙客来灰霉病等。

真菌的个体分营养体和繁殖体。即真菌先经过一定时期的营养生长，然后形成各种复杂的繁殖结构，产生孢子。

①真菌的营养体。真菌吸收养分和水分进行营养生长的结构称为营养体。真菌典型的营养体是极细小又多分支的丝状体。单根的丝状体称为菌丝，成丛或交织成团的丝状体称为菌丝体。菌丝通常呈圆管状，大部分无色透明，少数呈现不同颜色。低等真菌的菌丝没有隔膜，称为无隔菌丝；高等真菌的菌丝有隔膜，称为有隔菌丝（图3-3）。

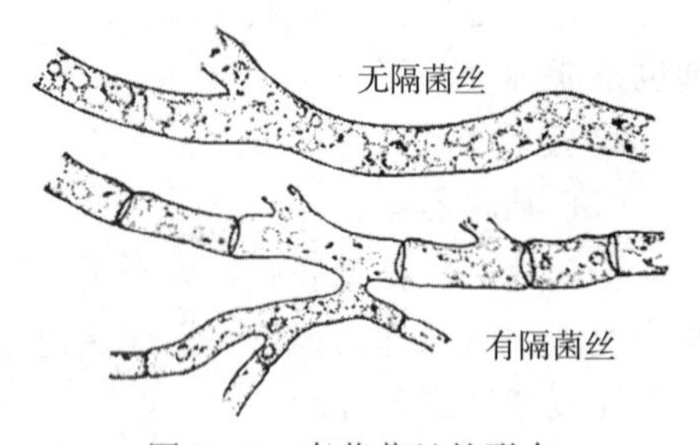

图3-3 真菌菌丝的形态

菌丝一般是从孢子萌发以后形成的芽管发育而成的，菌丝的每一部分都有潜在的生长能力。在适宜的条件下，每一小段菌丝都能长出新的菌丝体。某些真菌的菌丝体在不适宜的条件下或到寄主植物生育后期，还可以发生变态，构成特殊的变态结构，如菌核、菌索、子座，它们的形状、颜色、大小不一，多数对不良的环境条件抵抗能力较强，对真菌的繁殖、传播起重要作用。

②真菌的繁殖体。真菌营养体生长到一定阶段就可产生繁殖体，形成各种类型的孢子。按照孢子的生成方式可将孢子分为无性孢子和有性孢子两类。无性孢子是不经过性细胞结合而直接由营养体分化而成的孢子。无性孢子相当于高等植物的块根、球茎等无性繁殖器官。常见的无性孢子种类有芽孢子、粉孢子、孢囊孢子和游动孢子、厚垣孢子、分生孢子等

(图 3-4)。有性孢子是经过性细胞或性器官的结合而产生的孢子。有性孢子相当于高等植物的种子。常见的有性孢子种类有卵孢子、接合孢子、子囊孢子、担孢子等(图 3-5)。

图 3-4 真菌无性孢子类型

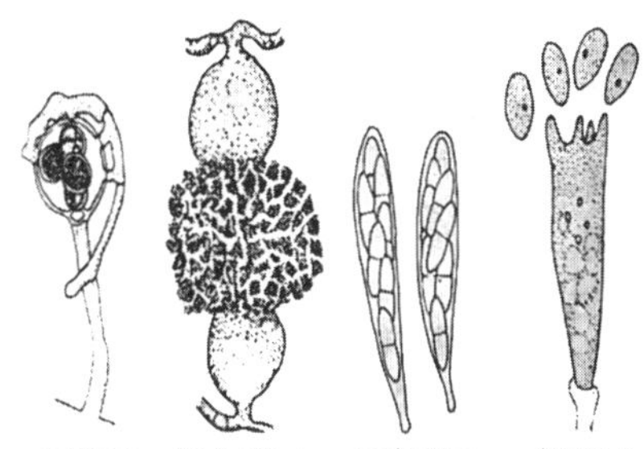

图 3-5 真菌有性孢子类型

真菌产生孢子的结构称为子实体,就像种子长在果实中一样。根据所产生的孢子的不同性质,子实体可分为无性子实体和有性子实体两种。无性子实体有分生孢子梗束、分生孢子座、分生孢子盘、分生孢子器等。有性子实体有子囊壳、闭囊壳、子囊盘、担子果等(图 3-6)。子实体的形状和大小差异很大,可作为鉴别真菌种类的主要依据。

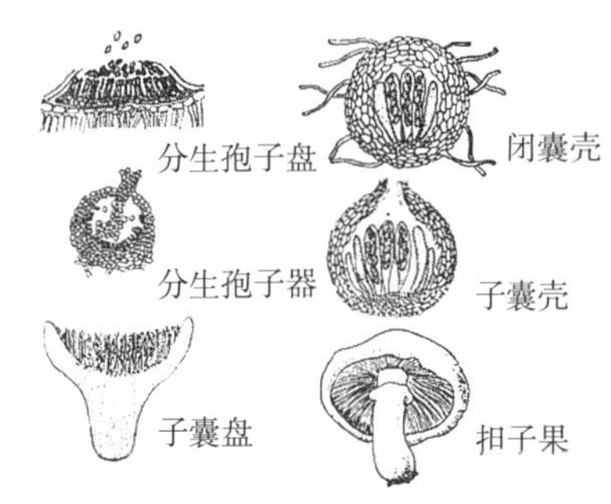

图 3-6 真菌子实体类型

③主要类群。真菌属于菌物界、真菌门。根据其有性阶段的形态特征,真菌门下可分鞭毛菌、接合菌、子囊菌、担子菌和半知菌 5 个亚门。各亚门的主要特征见表 3-3。

表 3-3 植物病原真菌各亚门主要特征

真菌类别	营养体	无性孢子	有性孢子	主要症状	常见类群
鞭毛菌亚门	无隔菌丝	游动孢子	卵孢子	腐烂、叶斑,绵毛状、霜霉状物	疫霉菌、霜霉菌
接合菌亚门	无隔菌丝	胞囊孢子	接合孢子	腐烂,棉絮状物	根霉菌、毛霉菌
子囊菌亚门	有隔菌丝	分生孢子	子囊孢子	病斑,霉状物、点状物	白粉菌、子囊壳菌、盘菌
担子菌亚门	有隔菌丝	不发达	担孢子	斑点、畸形,粉状物	黑粉菌、锈菌
半知菌亚门	有隔菌丝	分生孢子	无	病斑,霉状物、点状物	丝孢菌、腔孢菌

(2)植物病原病毒。病毒个体极小,只有在电子显微镜下才能看见病毒的颗粒形态。大部分病毒的粒体为球状、杆状、线状或纤维状(图 3-7)。

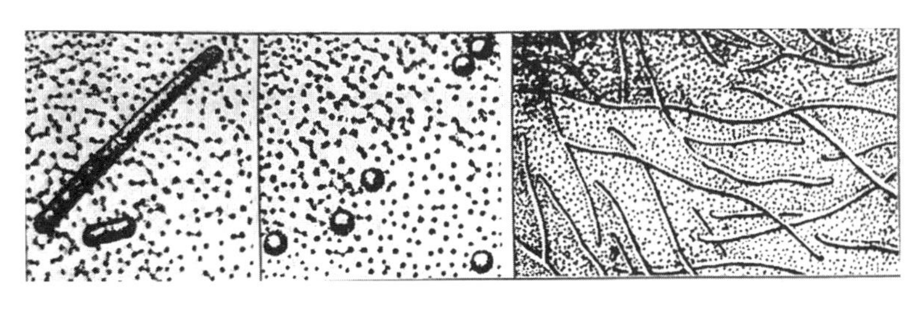

图 3-7 植物病原病毒的形态

病毒结构简单，其个体由核酸和蛋白质组成。核酸在中间，形成心轴，是病毒的遗传物质，蛋白质包围在核酸外面，形成一层衣壳，对核酸起保护作用。

（3）植物病原细菌。细菌个体很小，结构简单。根据其形态分为球状、杆状和螺旋状3种。植物病原细菌大多是杆状菌，绝大多数菌体有鞭毛。鞭毛着生在菌体一端或两端的称为极生鞭毛；在菌体四周的称为周生鞭毛（图3-8）。革兰氏染色反应多为阴性，少数为阳性。

（4）植物病原线虫。线虫虫体细小，由头部、颈部、腹部和尾部组成，呈乳白色半透明线形体。多数雌雄同体，少数雌雄异体。雄虫线形，雌虫梨形或柠檬形（图3-9）。

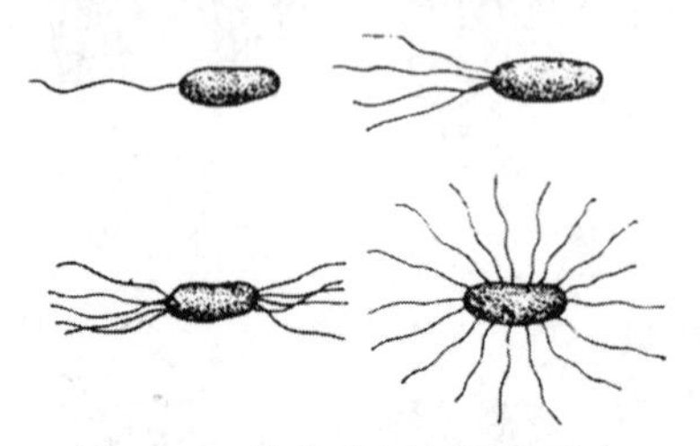

图3-8　植物病原细菌的形态

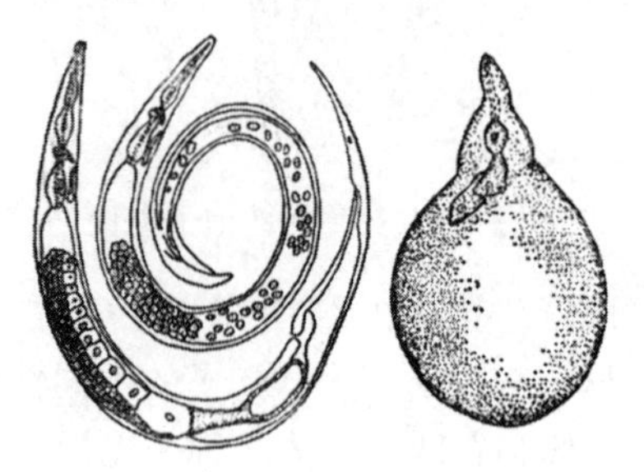

图3-9　植物病原线虫形态

（5）寄生性种子植物。种子植物大多为自养生物，但有少数种类由于缺乏叶绿素或某种器官的退化而成为异养生物，在其他植物上营寄生生活，称为寄生性种子植物。寄生性种子植物都是双子叶植物，能开花结实，在园林花卉和树木上最常见的是菟丝子。菟丝子为一年生攀缘草本植物，叶退化成鳞片，茎黄色丝状，无叶绿体，缠绕在寄主植物的茎上，产生吸器与寄主植物维管束相连，吸收寄主植物的水分和养分（图3-10）。

图3-10　菟丝子

（二）月季常见叶部病害

1. 月季霜霉病

（1）症状。霜霉病是月季栽培中发生较普遍的病害之一。该病危害植株所有地上部分，叶片最易受害，常形成紫红色或暗褐色不规则病斑，病斑边缘色较深。花萼、花梗或枝条受害后形成紫色至黑色大小不一的病斑，染病枝条常枯死。发病后期，病部出现灰白色霜霉层，常铺满整个叶片。

（2）病原。鞭毛菌亚门霜霉菌（图3-11）。

2. 月季白粉病

（1）症状。月季白粉病是蔷薇、月季、玫瑰上普遍发生的病害。此病主要发生在叶片上，但叶柄、嫩梢及花蕾等部位均可受害。发病初期，叶片上产生褪绿斑点，并逐渐扩大，以后在叶片上、下两面布满白粉。嫩叶染病后，叶片皱缩反卷、变厚，并逐渐干枯死亡。嫩梢和叶柄发病时病斑略肿大，节间缩短。花蕾染病时，其上布满白粉层，致使花朵小，甚至萎缩干枯。

（2）病原。子囊菌亚门单囊壳属（图3-12）。

图 3-11 月季霜霉病

图 3-12 月季白粉病

3. 月季锈病

（1）症状。月季锈病是月季上一种常见和危害严重的病害。此病主要危害芽、叶片，也危害叶柄、花、果、嫩枝等部位。发病初期在叶背产生黄色小斑，外围往往有褪色环。在黄斑上产生隆起的锈孢子堆，锈孢子堆突破表皮露出橘红色的粉末，即锈孢子。在叶片正面产生的小黄点，即性孢子器，以后在叶片背面又产生略呈多角形的较大病斑，上生夏孢子堆。秋末在病斑上又产生棕黑色粉状物，即冬孢子堆。

（2）病原。担子菌亚门的多胞锈菌（图 3-13）。

4. 月季黑斑病

（1）症状。月季黑斑病为世界性病害，我国各地均有发生。该病主要危害叶片，常造成黄叶、枯叶、落叶。发病初期叶片上出现褐色小点，以后逐渐扩大为圆形或近圆形的斑点，边缘呈不规则的放射状。后期病斑中央变为灰白色，其上着生许多黑色小点，即病原菌的分生孢子盘。嫩枝上的病斑为长椭圆形，暗紫红色，稍下陷。

（2）病原。半知菌亚门放线孢菌（图 3-14）。

图 3-13 月季锈病

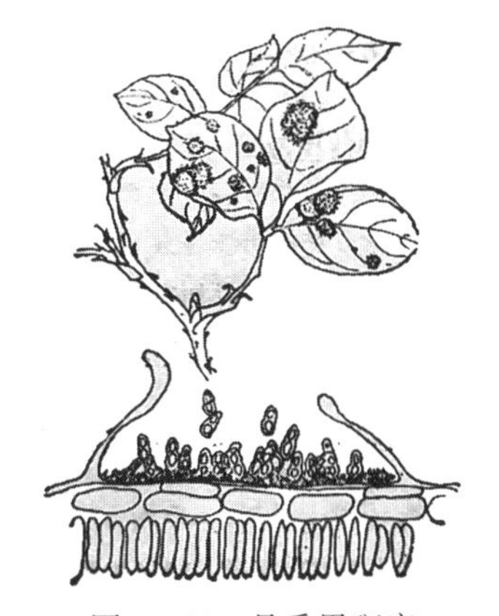
图 3-14 月季黑斑病

七、任务训练

（一）知识训练

1. 单选题

（1）在植物病害中，种类最多的是（　　）。

A. 真菌病害　　B. 细菌病害　　C. 病毒病害　　D. 线虫病害

(2) 对标本表面具有明显茂密的毛、霉、粉、锈等病原物时，需要（　　）。

A. 用挑针挑下病原物　　B. 用刀片刮下病原物

C. 用挑针拨下病原物　　D. 切片

(3) 属于无性孢子的是（　　）。

A. 分生孢子　　B. 卵孢子　　C. 子囊孢子　　D. 担孢子

(4) 属于无性子实体的是（　　）。

A. 分生孢子器　　B. 子囊壳　　C. 子囊盘　　D. 担子果

(5) 有性阶段产生卵孢子的真菌属于（　　）亚门。

A. 鞭毛菌　　B. 接合菌　　C. 子囊菌　　D. 担子菌

(6) 植物病原细菌多为（　　）。

A. 球状　　B. 杆状　　C. 螺旋状　　D. 纤维状

(7) 后期病斑中央变为灰白色，其上着生许多黑色小点的病害是（　　）。

A. 月季霜霉病　　B. 月季白粉病　　C. 月季锈病　　D. 月季黑斑病

2. 判断题

(1)（　　）侵染性病害又称传染性病害。

(2)（　　）植物病害发生都有一定的病变过程。

(3)（　　）由生物因素引起的植物病害的特点是不具传染性。

(4)（　　）菌核是真菌菌丝的变态结构。

(5)（　　）植物病原真菌属于菌物界、真菌门。

(6)（　　）病毒结构简单，其个体由核酸组成。

(7)（　　）植物病原细菌革兰氏染色反应多为阳性。

(8)（　　）多数植物病原线虫为雌雄异体。

(9)（　　）在园林花卉和树木上最常见的寄生性种子植物是菟丝子。

(10)（　　）寄生性种子植物都是单子叶植物。

3. 填空题

(1) 植物病害的病原按其性质可分为（　　）和（　　）两大类。

(2) 园林植物病害依其发病部位可分为（　　）、（　　）和（　　）3类。

(3) 根据病原物特征，常采用（　　）、（　　）、（　　）、（　　）病原菌的方法，徒手装片。

(4) 侵染性病害的主要病原物有（　　）、（　　）、（　　）、（　　）、（　　）。

4. 问答题

(1) 在田间如何区别侵染性病害与非侵染性病害？

(2) 根据真菌有性阶段的形态特征，门以下分为哪几个亚门？

(3) 真菌的变态结构有哪些？具有什么作用？

(4) 引起园林植物病害的非生物因素主要有哪些？

(5) 植物病害的症状有哪些表现类型？

(6) 制作临时玻片时应注意哪些问题？

（二）技能训练

任　务　单

任务编号	3-1
任务名称	果树叶部病害识别
任务描述	在某学校校园南侧种植了以李、杏为主的占地面积约 $1hm^2$ 的果园，为保证果树健壮生长，稳定果树产量，实施有效的病虫防治，特别是叶部病害的防治是一项重要的果园管理措施。要完成此任务，必须能够正确识别叶部病害的种类
计划工时	8
完成任务要求	1. 能根据病害发生范围、受害部位判断病害类型； 2. 对具有特异性症状的病害，能根据症状鉴别病害种类； 3. 会使用检索表等工具； 4. 会使用网络收集资料； 5. 熟悉病害诊断步骤； 6. 能根据病害的不同病征表现选择徒手制片方法，并制作合格的显微玻片； 7. 会使用生物显微镜观察病原物； 8. 病害诊断准确率高
任务实现流程分析	1. 现场观察； 2. 症状诊断； 3. 病原诊断
提供素材	显微镜、镊子、刀片、培养皿、载玻片、盖玻片、病害图谱等

实　施　单

任务编号	3 - 1
任务名称	果树叶部病害识别
计划工时	8
实施方式	小组合作□　独立完成□
实施步骤	

任务考核评价表

<table>
<tr><td>任务编号</td><td colspan="5">3-1</td></tr>
<tr><td>任务名称</td><td colspan="5">果树叶部病害识别</td></tr>
<tr><td rowspan="11">考核要点</td><td>考核内容
（主要技能点）</td><td>标准分
（100）</td><td>自我评价</td><td>小组评价</td><td>教师评价</td></tr>
<tr><td>病害诊断程序</td><td>10</td><td></td><td></td><td></td></tr>
<tr><td>症状描述</td><td>10</td><td></td><td></td><td></td></tr>
<tr><td>徒手制片</td><td>10</td><td></td><td></td><td></td></tr>
<tr><td>镜检观察</td><td>10</td><td></td><td></td><td></td></tr>
<tr><td>病原描述</td><td>10</td><td></td><td></td><td></td></tr>
<tr><td>资料查询</td><td>10</td><td></td><td></td><td></td></tr>
<tr><td>识别病害数量</td><td>20</td><td></td><td></td><td></td></tr>
<tr><td>工作态度</td><td>5</td><td></td><td></td><td></td></tr>
<tr><td>小组工作配合表现</td><td>10</td><td></td><td></td><td></td></tr>
<tr><td>问题解答</td><td>5</td><td></td><td></td><td></td></tr>
<tr><td>合计</td><td colspan="2"></td><td></td><td></td><td></td></tr>
<tr><td>总评成绩</td><td colspan="5">任课教师（签字）：
年　月　日</td></tr>
</table>

任务2　月季叶部病害调查

一、任务描述

为确保月季免遭叶部病害的危害，需要对月季病害进行实地调查，以确定病害种类和危害程度，进而确定是否需要防治及防治时期、防治方法。

二、任务分析

在月季栽培过程中，引起严重损失，需要施以防治措施的病害种类有近10种，而且不同年份发生程度有所不同，必须通过实地调查，确定防治地块和防治时间。月季叶部病害调查可按照以下步骤进行：

准备工作→样地调查→数据统计→撰写调查报告

三、任务准备

完成任务需要准备以下用具：数码相机、计算器、采集袋、剪枝剪、标签、调查表、分级标准、记录笔、放大镜、计算器等（图3-15）。

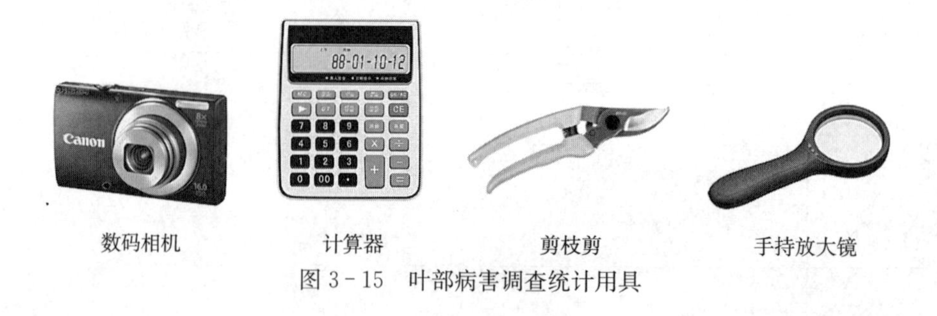

图3-15　叶部病害调查统计用具

四、任务实施

该任务工作程序包括调查前准备、样地调查、数据统计、撰写调查报告。具体步骤如下所述。

（一）调查前准备

主要环节：拟定调查计划→确定调查方法→设计调查用表。具体操作如下所述。

1. 拟定调查计划　采用目测法对保护地切花月季进行踏查，确定月季主要叶部病害种类作为样地调查对象。查阅相关信息，了解月季叶部病害发生规律，确定调查时间、调查内容。

2. 确定调查方法　以保护地切花月季为样地，采用五点式取样法取样，每个样点选定

20 株月季，调查叶部病害的发病率和病情指数。

3. 制作调查用表 根据调查目的，确定调查项目，制作叶部病害记载表格（表 3－4）。记载表格要简单、具体、明确。

表 3－4 月季叶部病害调查记载表

调查时间：＿＿＿＿＿＿＿＿ 调查地点：＿＿＿＿＿＿＿＿ 调查人：＿＿＿＿＿＿＿＿

样点号	调查叶片数	病叶数					备注
		0级	1级	2级	3级	4级	
1							
2							
3							
…							
n							

叶部病害分级标准见表 3－5。

表 3－5 叶部病害分级标准

级别	代表值	分级标准
1	0	健康
2	1	1/4 以下叶片感病
3	2	1/4～1/2 叶片感病
4	3	1/2～3/4 叶片感病
5	4	3/4 以上叶片感病

（二）样地调查

主要环节：确定样点→数据采集→填写调查表。具体操作如下所述。

1. 确定样点 对保护地切花月季采用五点式取样法确定 5 个样点，每个样点内选定 20 株月季。

2. 数据采集 在每个样点内从月季植株的上、中、下部位随机选取 100 片叶，依据叶部病害分级标准，逐叶进行调查分级。

3. 填写调查表 将调查结果记入调查表中。

（三）数据统计

统计发病率，了解叶部病害发生的普遍程度，统计病情指数，了解叶部病害发生的严重程度。

1. 发病率计算

$$发病率=\frac{感病叶片数}{调查总叶片数}\times 100\%$$

2. 病情指数计算

$$\text{病情指数}=\frac{\sum(\text{病情等级代表值}\times\text{该等级叶片数})}{\text{各级叶片数总和}\times\text{最高级的代表值}}\times 100\%$$

（四）撰写调查报告

调查报告主要写明叶部病害的调查目的、调查方法、调查内容及调查结果。

五、任务总结

为了稳、准、狠地防治叶部病害，就必须做好叶部病害的调查工作。叶部病害调查按照准备工作、样地调查、数据统计、撰写调查报告四步进行。调查时注意要对病害危害程度进行分级，否则无法进行病情指数的统计。

六、知识支撑

（一）植物病害的发生发展

1. 植物病害的发生过程 从病原与寄主植物感病部位接触侵入，到病害呈现症状为止所经过的全过程称为植物病害的发生过程，简称病程。病程是一个连续的过程，为研究方便，大致可划分为接触期、侵入期、潜育期、发病期4个时期。

（1）接触期。从病原与寄主接触到开始萌发入侵为止的时期称为接触期。接触期的长短因病原种类不同而有差异。病毒的接触和侵入是同时完成的，细菌从接触到侵入几乎也是同时完成的，都没有明显的接触期。真菌接触期长短不一，在适宜的条件下，一般真菌从孢子接触到萌发侵入，几小时就可以完成，但也有些真菌接触期可长达数月。

（2）侵入期。从病原侵入寄主到建立寄生关系为止的时期称为侵入期。病原侵入植物通常有直接侵入（直接穿透植物的角质层或表皮层）、自然孔口侵入（包括气孔、水孔、皮孔等）和伤口侵入（主要是虫伤、冻伤、机械伤）3个途径。病原的种类不同，侵入寄主的途径也各不相同。病毒只能从微细且新鲜的伤口或昆虫口器侵入；细菌可由自然孔口和伤口侵入；真菌能从自然孔口、伤口侵入，还能穿透表皮直接侵入；线虫一般以穿刺方式直接侵入，寄生性种子植物则是产生吸根直接侵入。

环境条件对病原的侵入也有重要影响。环境条件中湿度对病原的侵入影响最大，一般温暖、高湿的条件有利于病原的侵入。

（3）潜育期。从病原与寄主建立寄生关系到寄主开始表现症状为止的时期称为潜育期。各种病害潜育期长短不同，这与病原的特性、寄主的抵抗力和环境条件有密切关系。一般潜育期短，在短时间内就可以产生大量的病原物，会有利于病害传播，增加侵染机会，因而容易造成大面积发病。

环境条件中以温度对潜育期的影响最大，在适宜发病的条件下，温度越高，潜育期越短，发病速度越快。温度过高或过低都会限制病原发育，潜育期会延长或终止。

（4）发病期。从寄主开始表现症状到症状停止发展为止的时期称为发病期。在这时期，寄主表现各种病状和病征。病征的出现一般就是再侵染源的出现。如果病征产生稠密，标志着大量病原物的存在，病害就有大发生的可能。适宜的温度和较高的湿度，有利于病斑的扩大和病原繁殖体的形成。

2. 植物病害的侵染循环 侵染性病害从前一个生长季节开始发病，到下一个生长季节再度发病的全过程，称为侵染循环。它包括初侵染和再侵染、越冬或越夏、传播3个基本环节。

（1）*初侵染和再侵染*。经越冬或越夏后的病原，在植物生长季节中引起的第一次侵染，称为初侵染。在同一个生长季节中，初侵染的植株产生的病原物继续传播到其他植株进行侵染危害称为再侵染。初侵染的作用是引起田间第一次发生病害，病原主要来源于越冬或越夏的场所。再侵染的作用是引起病害蔓延和流行，病原主要来自当年病株上产生的繁殖体。只有初侵染而无再侵染的病害，称为单循环病害，这类病害只要消灭初侵染来源，就能获得显著的防治效果。但大多数病害，除初侵染外，还有多次再侵染，称为多循环病害，对这类病害的防治既要采取措施减少和消灭初侵染源，还要防止其再侵染。

（2）*病原越冬或越夏*。病原越冬或越夏是指病原以一定的方式在特定的场所度过寄主植物的休眠期而存活下来的过程。病原休眠在冬季称为越冬；在夏季称为越夏。病原越冬或越夏的场所一般就是下一个生长季节植物病害的初次侵染来源。在越冬或越夏期间，病原多数不活动且比较集中，是病害侵染循环中的薄弱环节，比较容易消灭。病原越冬或越夏的主要场所有：田间病株、种子和苗木及其他繁殖材料、病株残体、土壤、粪肥、昆虫等。

（3）*病原传播*。在越冬或越夏场所的病原必须经过一定的途径才能传播到寄主植物上，引起初侵染和再侵染。每种病原都有一定的传播方式，可分为主动传播和被动传播两种。

主动传播是指靠病原自身的活动进行传播。如线虫在土壤和寄主上爬行，部分真菌能产生游动孢子，有鞭毛的细菌可在水中游动传播等。这种传播方式并不普遍，传播的距离和范围极为有限。

被动传播是大多数病原传播的方式。这种传播方式是靠外界因素进行的，其中有自然因素和人为因素。自然因素如风、雨、流水、昆虫等的传播作用最大。人类在从事农事活动和农产品、种苗的运输过程中，也会携带病原做远距离传播，造成病区扩大和新病区的形成。

（二）月季常见叶部病害发生特点

1. 月季霜霉病 月季霜霉病的病菌主要以菌丝体在病组织或病落叶中越冬，第二年条件适宜时萌发产生孢子囊。孢子囊随风传播，游动孢子产生后自气孔侵入进行初侵染和再侵染。湿度大有利于病害发生和流行。露地栽培时该病主要发生在多雨季节。温室栽培时主要发生在春、秋季。

2. 月季白粉病 月季白粉病的病菌主要以菌丝体在病枝、芽及落叶上越冬，第二年病菌随病芽萌发产生分生孢子。分生孢子借风力大量传播、侵染。在适宜的条件下只需要几天的潜伏期。该病在干燥、不通风处发生严重。温室栽培比露地栽培发生严重。月季品种间存在抗性差异，一般红色花品种易感此病，多花品种较抗病。

3. 月季锈病 月季锈病的病菌主要以菌丝体在月季芽内和以冬孢子在患病部位及枯枝落叶上越冬，第二年月季萌芽时开始发病。5月出现明显的病芽，在嫩芽、嫩叶上呈现出橙黄色粉状物，即锈孢子。月季花含苞待放时开始在叶背处出现夏孢子，借风雨传播，进行多次再侵染。该病在6～7月和9月发病最为严重。四季温暖、多雨、空气湿度大的地区及年份病害严重。

4. 月季黑斑病 月季黑斑病的病菌主要以菌丝体和分生孢子在病枝和落叶上越冬，第二年病菌随风雨、浇水等传播。温度适宜，叶面有水滴时即可侵入危害，潜育期 7～10d。病菌多从下部叶片开始侵染，多雨天气有利于发病。一般 8～9 月发病较重。低洼积水、通风不良、光照不足、肥水不当有利于发病。月季不同品种间有抗性差异，一般浅色黄花品种易感此病。

（三）园林叶部病害调查方法

1. 调查目的 开展园林植物病害调查是为了摸清一定区域内病害的种类、危害程度、发生发展规律及在时间和空间上的分布类型情况，为叶部病害的预测预报和制定正确的防治方案提供科学依据。

2. 取样方法 选择代表性田块作为样地进行实地调查，按照病害的分布情况和危害情况，在样地中选取 5%～10%的植株作为样株。在调查样地，样点的选取多采用对角线式、平行线式、“Z”形或五点式取样法。叶部病害每样点调查 100～200 片叶，被调查的叶片应从不同的部位选取。病害调查时也要根据不同病害做适当调整，由气流传播的病害，发病情况比较一致，取样可少一些；由土壤、苗木和接穗传播的病害，病情差异较大，取样应多一点。

3. 统计方法 对调查记载的数据资料要进行整理、计算、比较、分析，从中找出规律，这样才能说明问题。

（1）调查资料的计算。通常采用算数平均数计算法和平均数的加权计算法。

（2）调查资料的统计。病害调查数据的统计一般用发病率、病情指数等的计算来表示。

①发病率计算。发病率是指感病叶片占调查总叶片数的百分比，表明病害发生的普遍性：

$$\text{发病率}=\frac{\text{感病叶片数}}{\text{调查总叶片数}}\times 100\%$$

②病情指数计算。病情指数又称感病指数，在 0～100 之间，既表明病害发生的普遍性，又表明病害发生的严重性。先将调查叶片按病情分为若干等级，并以数值 0、1、2、3、4 代表，统计出各级叶片数后，按下列公式计算：

$$\text{病情指数}=\frac{\sum(\text{病情等级代表值}\times\text{该等级叶片数})}{\text{调查总叶片数}\times\text{最高级的代表值}}\times 100$$

调查时，可从现场采集标本，按病情轻重排列，划分等级；也可参考已有的分级标准，酌情划分使用。

4. 调查资料的整理 汇总、统计外业调查资料，进一步分析病害发生原因，撰写调查报告，并将调查原始资料装订、归档。

七、任务训练

（一）知识训练

1. 单选题

（1）在温室切花月季叶部病害调查中，采用（　　）取样法。

A. 对角线式　　B. 平行线式　　C. “Z”形式　　D. 五点式

(2) 在温室切花月季叶部病害调查中，每个样点选定（　　）样株。

A. 5 株　　B. 10 株　　C. 15 株　　D. 20 株

(3) 环境条件中（　　）对病原的侵入影响最大。

A. 温度　　B. 湿度　　C. 光照　　D. 营养

(4) 环境条件中对病害潜育期长短影响最大的是（　　）。

A. 温度　　B. 湿度　　C. 光照　　D. 营养

(5) 病毒只从（　　）侵入寄主。

A. 表皮　　B. 伤口

C. 气孔　　D. 微细且新鲜的伤口

(6) 从病原与寄主建立寄生关系到寄主开始表现症状为止的时期称为（　　）。

A. 接触期　　B. 侵入期　　C. 潜育期　　D. 发病期

(7)（　　）的条件下不易引发温室月季叶部病害。

A. 通风不良　　B. 光照不足　　C. 湿度过大　　D. 品种抗病

2. 判断题

(1)（　　）病情指数既表明病害发生的普遍性，又表明病害发生的严重性。

(2)（　　）在适宜发病的条件下，温度越高，潜育期越短，发病流行速度越快。

(3)（　　）寄生性种子植物产生吸根直接侵入寄主植物。

(4)（　　）从病原侵入寄主到建立寄生关系为止的全过程称为病程。

(5)（　　）植物病害的再侵染源为越冬或越夏的菌源。

(6)（　　）既有初侵染，又有多次再侵染的病害称为多循环病害。

(7)（　　）病原越冬或越夏的场所一般就是下一个生长季节植物病害的初次侵染的来源。

(8)（　　）主动传播是大多数病原传播的主要方式。

(9)（　　）月季多花品种一般比红色花品种抗白粉病。

(10)（　　）月季黑斑病的病菌主要在病枝和落叶上越冬。

3. 填空题

(1) 病原物的传播可分为（　　）和（　　）两种。

(2) 为研究方便，病程大致可划分为（　　）、（　　）、（　　）和（　　）4 个时期。

(3) 病原侵入植物的途径有（　　）、（　　）和（　　）3 种。

4. 问答题

(1) 什么是病害侵染循环？它包括哪 3 个环节？

(2) 植物病害病原越冬或越夏的场所有哪些？

(3) 单循环病害与多循环病害在防治策略上有哪些不同？

(4) 样地选取应注意哪些问题？

（二）技能训练

任 务 单

任务编号	3-2
任务名称	果树叶部病害调查
任务描述	踏查果园果树叶部病害发生情况，选定一种果树作为调查对象，采用棋盘式取样法，每样点选定10株样株进行叶部病害调查，调查结果上报园林教研室
计划工时	2
完成任务要求	1. 调查计划制定要合理可行； 2. 对照调查计划，准备工作充分； 3. 调查线路选择正确； 4. 调查样地、调查方法确定符合病害发生规律和调查要求； 5. 调查用表设计规范、简便，易于操作； 6. 对照病害图谱，能够准确辨识常发叶部病害特征和危害特点； 7. 抽样调查细心，调查数据准确； 8. 调查数据记载清楚、规范； 9. 发病率、病情指数统计方法正确，计算结果准确无误； 10. 对病害发生情况能做出初步判断
任务实现流程分析	1. 调查前准备； 2. 样地调查； 3. 数据统计； 4. 撰写调查报告
提供素材	记录笔、手持放大镜、镊子、剪枝剪、采集袋、计算器、植保手册等

实　施　单

任务编号	3-2
任务名称	果树叶部病害调查
计划工时	2
实施方式	小组合作□　独立完成□
实施步骤	

任务考核评价表

<table>
<tr><td>任务编号</td><td colspan="5">3－2</td></tr>
<tr><td>任务名称</td><td colspan="5">果树叶部病害调查</td></tr>
<tr><td rowspan="16">考核要点</td><td>考核内容
（主要技能点）</td><td>标准分
（100）</td><td>自我评价</td><td>小组评价</td><td>教师评价</td></tr>
<tr><td>制定调查计划</td><td>10</td><td></td><td></td><td></td></tr>
<tr><td>确定调查方法</td><td>10</td><td></td><td></td><td></td></tr>
<tr><td>制作调查表</td><td>5</td><td></td><td></td><td></td></tr>
<tr><td>准备调查工具</td><td>5</td><td></td><td></td><td></td></tr>
<tr><td>选择样点、样株</td><td>10</td><td></td><td></td><td></td></tr>
<tr><td>抽样调查</td><td>10</td><td></td><td></td><td></td></tr>
<tr><td>调查数据记载</td><td>5</td><td></td><td></td><td></td></tr>
<tr><td>调查数据整理</td><td>5</td><td></td><td></td><td></td></tr>
<tr><td>发病率统计</td><td>5</td><td></td><td></td><td></td></tr>
<tr><td>病情指数统计</td><td>5</td><td></td><td></td><td></td></tr>
<tr><td>撰写调查报告</td><td>5</td><td></td><td></td><td></td></tr>
<tr><td>工具清理返还</td><td>5</td><td></td><td></td><td></td></tr>
<tr><td>工作态度</td><td>5</td><td></td><td></td><td></td></tr>
<tr><td>小组工作配合表现</td><td>10</td><td></td><td></td><td></td></tr>
<tr><td>问题解答</td><td>5</td><td></td><td></td><td></td></tr>
<tr><td>合计</td><td colspan="2"></td><td></td><td></td><td></td></tr>
<tr><td>总评成绩</td><td colspan="5">任课教师（签字）：
年　　月　　日</td></tr>
</table>

任务3 月季叶部病害防治方案制定

一、任务描述

依据某学校日光温室切花月季叶部病害发生种类及发生情况调查结果，结合叶部病害发生发展规律，制定日光温室月季叶部病害防治方案。

二、任务分析

月季叶部病害综合防治方案的制定要以调查结果为依据，并结合保护地植物叶部病害发生发展规律，通过资料查询、起草叶部病害防治提纲、组织讨论提出修改意见、撰写综合防治方案等项内容来完成：

查阅资料 → 起草防治提纲 → 讨论修改 → 撰写防治方案

三、任务准备

完成此任务应提供多媒体计算机室、互联网及课程网站。

四、任务实施

此项任务需要完成资料查询、起草提纲、讨论修改及撰写防治方案4项工作。

（一）资料查询

结合月季叶部病害调查报告，通过教材、学材、书刊、课程网站等途径查询在本地区发生的主要叶部病害种类和生长发育规律，叶部病害综合防治方案案例，园林植物病害综合防治措施，常用杀菌剂的性能及注意事项。

（二）起草提纲

仔细阅读所查询的资料，在园林植物病害综合防治措施的基础上，根据长春市农业学校日光温室切花月季叶部病害发生种类，特别是优势种类的生长发育特点，有针对性地选择病害防治措施，起草长春市农业学校月季叶部病害防治提纲。

（三）讨论修改

针对月季叶部病害防治提纲，集体讨论提纲中各项防治措施选择的合理性和必要性，并提出修改意见，同时对每一项措施进行细化，使之具有可操作性。

（四）撰写防治方案

按照园林植物病害防治方案的规范性要求，撰写某学校日光温室切花月季叶部病害综合防治方案。

五、任务总结

月季叶部病害综合防治方案的制定是经过资料查询、起草防治提纲、组织讨论、提出修改意见、撰写成文等环节完成的。日光温室切花月季叶部病害综合防治方案的制定过程体现了团队的集体智慧。

六、知识支撑

（一）综合防治方案的类型

1. 以个别有害生物为对象 此防治方案类型以一种主要病害或虫害为对象，制定该病害或虫害的综合防治措施，如月季黑斑病的综合防治方案。

2. 以植物为对象 此防治方案类型以一种园林植物所发生的主要病虫害为对象，制定该植物主要病虫害的综合防治措施，如月季病虫害的综合防治方案。

3. 以整个种植区域为对象 此防治方案类型以整个园林绿化小区或某个园林苗圃及花卉生产基地为对象，研究其主要病虫害的综合治理措施，如某学校马兰湖小游园主要病虫害的综合防治方案。

（二）园林植物病害综合防治的主要措施

1. 植物检疫 在自然条件下，植物病害的分布具有一定的区域性。但是在生产过程中由于人类的活动，使某些危险性病害在洲际间或地区间传播开来，造成严重的经济损失。植物检疫的主要任务包含对内检疫和对外检疫两方面，对内检疫是将在国内局部地区已经发生的危险性病、虫、草封锁，使它不能传播到无病区，并在疫区将它消灭；对外检疫是在口岸、港口、国际机场等场所设立专门机构，对进出口货物、游客携带的植物及邮件等进行检查，或在产地设立机构进行检验。植物检疫的具体方法多种多样，应视具体对象而定。检疫工作一般由专门机构进行，园林工作者应注意，无论是引进还是输出的种苗，均须取得检疫机构的检疫证书方可放行，这是以预防为主的策略的主要措施。

2. 抗病育种 选育抗病品种是园林植物病害防治的一项重要措施。不同品种对病害的抗性差异较大。尤其是对由风传播和土壤传播所引起的植物病害及病毒病，选育抗病品种尤为重要。这是防治病害发生、危害的根本措施。

3. 园林技术措施 用于防治园林植物病害的园林技术措施主要有以下几方面内容。

（1）选用健壮无病的繁殖材料。在选用种子、球茎、种苗等繁殖材料时，应选用无病虫、饱满、健壮的繁殖材料。为了防治由种子传播的病害，必须从健康植株上采种；而对于由苗木及繁殖材料带来的病毒病，只有使用脱毒的组培苗，才能减轻病害的发生。

（2）清洁田园。清洁田园是减少病害侵染来源的重要措施。主要工作包括：秋、冬季节结合修剪，剪去带病枝条，及时清除园圃中的病残体，并深埋或烧毁；生长季节及时摘除有病枝叶，拔除病株，处理病土；农事操作时避免通过工具或人手进行人为传播；消毒处理温室中带病的土壤、盆钵等；及时清除无土栽培时被污染的营养液；及时做好中耕除草，从而抑制病害侵染来源。

（3）园林植物的合理配置与轮作。在观赏植物的栽植过程中，为保证美化效果，往往将许多种植物进行混栽，这样做忽视了植物病害间的相互传染。因此，在园林设计中，植物配置不仅需要考虑景观的美化效果，还要考虑病害传染的问题。新建庭园时，应尽量避免有相同病害的园林植物混栽。同时轮作可减免或减轻某些病害的发生与危害。

（4）改善环境条件。改善环境条件主要指调节栽植园圃中的温、湿度，尤其是在温室中栽培植物时，要经常通风透气，种植密度要适宜。冬季温室温度要适宜，不要忽高忽低。

（5）加强栽培管理。园林植物的栽培管理过程中要科学施肥，使用的有机肥应充分腐熟且无异味，使用无机肥时要注意氮、磷、钾的比例要合理。观赏植物的灌溉，最好采用沟灌、滴灌的方式或沿盆钵的边缘浇水。浇水要适量，最好选择在晴天上午进行，收获前不宜大量浇水，以免推迟球茎等器官的成熟或引起烂窖。球茎等器官要在晴天收获，挖掘过程中要尽量减少伤口；挖出后在阳光下暴晒几天，必要时做药剂处理后入窖。每年秋、冬季深翻，可将病残体深埋于土中，减轻发病。合理修剪既增强树势，又通风降湿，也有助于控制病害的发生（图 3－16）。

脱毒菊花苗　　清除落叶　　温室大棚通风管理

配制营养土　　剪除有病枝条　　温室大棚硫黄熏蒸

图 3－16　园林技术防病措施

4. 生物防治　某些微生物在生长发育过程中能分泌一些抗生物质，以抑制其他微生物的生长，这种现象称为拮抗作用。微生物分泌的一些抗生物质称为抗生素，能产生抗生素的菌类称为抗生菌。利用抗生菌、抗生素来防治植物病害是病害生物防治的典型实例。目前应用较广的有井冈霉素、春雷霉素、多抗霉素、农用链霉素、新植霉素等。

5. 物理防治　用于病害的物理防治方法主要有汰选、热处理、机械阻隔等。汰选法是利用健全种子与有病种子在体形大小、相对密度上的差异进行挑选和分离，剔除有病的种子，从而达到防治病害的目的，常用的有手选、筛选、风车选、盐水选等方法。热处理法是利用一定的热力杀死种苗中的病原而不影响种苗生长的方法。有病苗木可用热风处理，温度为 35～40℃，处理时间 1～4 周；也可用 40～50℃的温水处理，浸泡时间为 10min 至 3h。带毒种子也可以进行热处理，但其含水量必须在安全系数范围内。种苗热处理的关键是控制好时间和温度，一般对休眠器官进行处理比较安全。对有病害的植物做热处理时，要事先进行试验，热处理时升温要缓慢，一般从25℃开始，每天升高2℃，6～7d后达到(37±1)℃。现代温室常使用热蒸汽（90～100℃）进行土壤热处理，利用太阳能也是有效的土壤热处理措施。覆盖薄膜就是一种常用的机械阻隔法，此方法可大幅度减少叶部病害的发生（图3-17）。

手选种子

种子筛选机

温水浸种

图3-17　物理防治病害措施

6. 外科治疗　部分园林植物，尤其是风景名胜区的古树名木，由于树龄较长，多数树体因病虫危害等原因已形成大大小小的树洞和疤痕，甚至破烂不堪，处于死亡边缘。而这些古树名木是重要的历史文化遗产和旅游资源，不能采用伐除烧毁等措施，因此实施外科手术治疗，使其保持原有的观赏价值并能健康生长显得十分必要。

外科手术治疗主要有表层损伤的治疗和树洞的修补。表层损伤的治疗是将树皮损伤面积直径在10cm以上的伤口消毒后用高分子化合物——聚硫密封剂封闭伤口的治疗；树洞的修补主要包括树洞清理、消毒和树洞的填充。树洞边材完好时，采用假填充法修补，即先在洞口上固定钢板网，再在网上铺10～15cm厚的107水泥砂浆；树洞大、边材受损时，则进行实心填充，即在树洞中央立木桩或水泥柱作为支撑物，在其周围固定填充物（图3-18）。

刮治苹果腐烂病病斑　　修补树洞

图3-18　外科治疗

7. 化学防治　化学防治以其防治对象广、防治效果显著、使用方便、便于机械化、可工业化生产等优势在植物病害的综合防治中占有重要地位，是园林植物病害防治的重要手段。但是化学防治有许多弊端，如化学农药对环境污染严重，会破坏生态平衡；病原易产生抗药性等。因此施行化学防治要慎重，特别是要避免单一杀菌剂的长期施用。

七、任务训练

（一）知识训练

1. 单选题

（1）（　　）是园林植物病害防治的一项根本措施。

A. 选育抗病虫品种　B. 耕翻轮作　C. 整形修剪　D. 清洁田园

（2）（　　）是减轻苗木及繁殖材料带毒的重要途径。

A. 药剂浸种　B. 温水浸种　C. 培育脱毒的组培苗　D. 扦插繁殖

（3）（　　）是减少病害侵染来源的重要措施。

A. 清洁田园　B. 控制温、湿度　C. 合理修剪　D. 合理密植

（4）种苗热处理的关键是控制好（　　）。

A. 水量和温度　B. 时间和温度　C. 光照和温度　D. 种苗量和温度

（5）热处理法包括（　　）。

A. 热风和热水处理　B. 热水和热蒸汽处理　C. 热风和太阳能处理　D. 以上都是

（6）外科治疗主要是针对（　　）采取的措施。

A. 名贵花卉　B. 风景树木　C. 古树名木　D. 圃地苗木

2. 判断题

（1）（　　）对内检疫是将在国内局部地区已经发生的危险性病、虫、草封锁，使它不能传播到无病区，并在疫区将它消灭。

（2）（　　）种子、苗木及其他繁殖材料在调运之前都必须经过检疫。

（3）（　　）在园林设计中，应尽量避免有相同病害的园林植物混栽。

（4）（　　）某些微生物在生长发育过程中能分泌一些抗生物质，以抑制其他微生物的生长，这种现象称为拮抗作用。

（5）（　　）热处理法是利用热力杀死种苗中的病原的方法。

（6）（　　）一般对休眠器官进行热处理比较安全。

（7）（　　）外科手术治疗就是指树洞的修补。

（8）（　　）树洞边材完好时，树洞修补采用实心填充法。

3. 填空题

（1）植物检疫的主要任务有（　　）和（　　）两方面。

（2）用于病害的物理防治方法主要有（　　）、（　　）、（　　）。

（3）常用的汰选法有（　　）、（　　）、（　　）和（　　）。

（4）树洞的修补主要包括（　　）、（　　）和（　　）。

4. 问答题

（1）制定综合防治方案有哪3种类型？

（2）园林植物病害的主要防治措施有哪些？

（3）园林植物病害的园林技术防治措施主要有哪些？

（4）不合理使用化学农药会产生哪些不良后果？谈谈如何合理安全使用化学农药。
（5）若某一园林绿地交于你养护管理，你会安排哪些措施来防治病害的发生？

（二）技能训练

任　务　单

任务编号	3-3
任务名称	果树叶部病害防治方案制定
任务描述	以某学校果园果树叶部病害调查结果为依据，结合果树栽培养护要求，协调应用各种措施，制定果树叶部病害防治方案
计划工时	2
完成任务要求	1. 资料查询途径便捷、高效； 2. 资料查询内容与任务完成关联度大； 3. 资料整理规范； 4. 提纲涉及内容较广泛； 5. 讨论热烈，参与度高； 6. 叶部病害综合防治方案内容丰富、针对性强； 7. 方案格式规范
任务实现流程分析	1. 资料查询； 2. 起草提纲； 3. 讨论修改； 4. 撰写方案
提供素材	计算机、多媒体设备等

实　施　单

任务编号	3－3
任务名称	果树叶部病害防治方案制定
计划工时	2
实施方式	小组合作□　独立完成□
实施步骤	

任务考核评价表

任务编号	3-3				
任务名称	果树叶部病害防治方案制定				
考核要点	考核内容（主要技能点）	标准分（100）	自我评价	小组评价	教师评价
	收集信息途径快捷	10			
	收集资料容量大	10			
	资料整理规范	10			
	提纲文字精练	5			
	小组讨论参与度高	10			
	建设性意见多	5			
	方案针对性强	10			
	方案可操作性强	10			
	方案撰写规范	10			
	工作态度	5			
	小组工作配合表现	10			
	问题解答	5			
总评成绩					
综合成绩	任课教师（签字）： 年　　月　　日				

任务4 月季叶部病害防治

一、任务描述

为有效控制日光温室切花月季叶部病害发生危害的趋势，需要采取必要措施，以减轻叶部病害的危害。

二、任务分析

从保护地月季叶部病害发生特点出发，依据叶部病害发生规律确定月季叶部病害防治方法。在生产上，保护地栽培植物叶部病害防治主要采取的措施是搞好棚内卫生，控制棚内温、湿度和喷药防治。

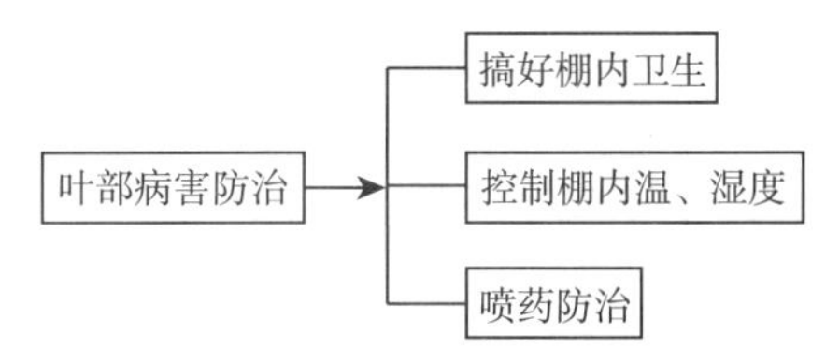

三、任务准备

1. 准备清洁用具 耙子、扫把、簸箕、手推车等（图3-19）。

耙子 扫把 簸箕 手推车

图3-19 清洁用具

2. 准备喷药药械及配药用具 喷雾器、量筒、水桶等。

3. 准备杀菌剂（图3-20）

图3-20 杀菌剂

4. 准备防护用具 手套、胶鞋、口罩、工作服等。

四、任务实施

（一）搞好棚内卫生

为减少月季叶部病害的初侵染来源，可结合田间农事操作清除棚内地面上的枯枝落叶。

主要环节：工具准备→收集枯枝落叶→清理场地。具体操作如下所述。

1. 工具准备 准备好耙子、扫把、簸箕、手推车等清洁用具。

2. 收集枯枝落叶 一般用耙子或扫把将棚内地面上的枯枝落叶收集起来，若发现零星病株时要及时摘除病叶。

3. 清理场地 把收集在一起的枯枝落叶用手推车推到棚外，集中烧毁或用土掩埋沤肥。

（二）控制棚内温、湿度

1. 温度控制 月季切花生产最适宜的生长发育温度是白天24～26℃，夜间14～16℃，因此在生产中夏季应将大棚内的白天温度控制在26～28℃，春季应将大棚内的夜间温度控制在14～16℃，温度过高或过低都会影响切花月季的质量。

（1）高温控制。为降低切花月季棚内温度，可采取通风换气、洒水降温、覆盖遮阳网等措施。

（2）低温控制。为提高切花月季棚内温度，可采取的主要措施有棚内加温、地膜覆盖、晚上放卷帘被等。

2. 湿度控制 优质月季切花萌芽和枝叶生长期需要的相对湿度为70%～80%，开花期需要的相对湿度为40%～60%，因此棚内白天湿度控制在40%，夜间控制在60%为宜；若棚内湿度大于90%，叶片上便会形成水滴，容易诱发多种病害。控制切花月季棚内湿度，可采取的主要措施有大棚通风换气、植株合理修剪、地膜覆盖、滴灌等。

（三）药剂防治

1. 杀菌剂准备 主要环节：查看农药标签及说明书→选择购买的农药种类→检查农药质量。具体操作如下所述。

同杀虫剂的选择。

选择有资质的商店购买杀菌剂农药。根据防治对象种类，查看农药标签及说明书，确定购买的杀菌剂种类，然后对所购买的农药产品进行质量检查，先检查农药产品“三证号”是否齐全，再从农药的外观判断农药质量，做到“四注意”，即注意购买场所、注意查看药品标签、注意产品的外观、注意发票。

2. 药液配制 主要环节：用量计算→称取农药和水→均匀混配。具体操作如下所述。

（1）用量计算。根据施药面积，按照常规喷雾每亩用60kg水计算总用水量。按照农药标签上注明的农药制剂的有效成分百分含量、单位面积上的有效成分用量（或制剂用量、稀释倍数）及施药面积来计算农药用量。

（2）称取农药和水。计算出农药制剂和水用量后，用秤称量固体农药。首先选一容器，称取质量，然后开启农药包装，将药粉倒入容器中称量（去掉容器质量），注意倒药粉时，袋口一定要低，防止药粉飞散。

（3）均匀混配。先在药粉中加入少量水（500g药粉约加250g水）调成糊状，然后再加较多的水调匀，至上层没有浮粉为止。向药桶中加入少量水，再将农药倒入，混拌均匀，再用水冲洗盛药容器2～3次，最后加完剩余的稀释水量，搅拌均匀。注意不能把药粉直接倒入大量的水中。

3. 药液喷雾 主要环节：检查喷雾器→常规喷雾→处理剩余药液→药械养护。具体操作如下所述。

（1）检查喷雾器。检查喷雾器各部件是否齐全、各接头处垫圈是否完好，泵桶内的皮碗需用动物油浸泡，待胀软后再装上使用，然后用清水试喷，检查是否漏水漏气，喷雾是否正常。检查工作完成后，向喷雾器内加药液。

（2）常规喷雾。将喷头对准目标物，且距离目标物0.5m左右，使雾滴在受药表面形成连续性的药膜，进行全面覆盖。常规喷雾要求药液量以叶面充分湿润但不流失为宜。喷雾最好选择在上午进行。

（3）处理剩余药液。喷完后，及时将喷雾器药桶内残留的药液及盛过农药的包装物品挖深坑埋入土中，注意要远离水源和生活区。同时包装袋中剩余的农药要集中保管。

（4）药械养护。倒掉剩药，喷雾器用清水洗刷干净，放置于阴凉干燥处存放。注意清洗药械的污水应选择安全地点妥善处理，不准随地泼洒。长期存放时，喷雾器活动部件及喷头要涂上黄油防锈，并将喷雾器置于干燥通风处。

五、任务总结

植物病害防治要充分贯彻“预防为主，综合防治”的植保工作方针，宜采取园林技术措施和化学防治相结合的方法。通常情况下，以栽培技术措施为主，病害严重时辅以药剂防治。在农药的选择、配制、施用、保管过程中必须严格按照《农药管理条例》要求，规范操作。牢记农药安全使用是农药科学、合理使用的前提。

六、知识支撑

（一）农药中毒急救

农药中毒是指在使用或接触农药过程中，农药进入人体的量超出了正常人的最大忍受量，使人的正常生理功能受到影响，出现生理失调、病理变化等系列中毒现象。由于不同农药中毒作用机制不同，所以有不同的中毒症状表现。一般表现为恶心呕吐、呼吸障碍、心搏骤停、休克、昏迷、痉挛、激动、烦躁不安、疼痛、肺水肿、脑水肿等。

农药主要通过皮肤、呼吸道及口（消化道）进入人体引起中毒，多为急性发作且严重，因此发生农药中毒时，现场急救措施必须及时正确，方可使患者迅速脱离危险。可采取以下措施。

1. 迅速脱离现场 出现农药中毒症状的患者应迅速安全地脱离现场，并脱去被农药污染的衣服和鞋袜，清洗药剂接触的部位。

2. 彻底清除污染

（1）对口服中毒者，要迅速根据患者具体情况，进行催吐、洗胃、导泻等措施，去除污染物。

①催吐。用食盐水或肥皂水催吐，但处于昏迷状态者不能用。

②洗胃。神志清醒者，自服洗胃液；神志不清者，要先插气管导管，以保持呼吸道畅通；抽搐者应控制抽搐后洗胃；服用腐蚀性农药的不宜洗胃，可口服蛋清、牛奶等保护胃黏膜。

③导泻。毒物已进入肠内时，可用硫酸钠 30g 加水 200mL 一次性服用，再多饮水加快导泻。

（2）对吸入中毒者，要迅速将其移至空气新鲜处，有条件的给予吸氧，同时松开中毒者衣服和腰带，保持呼吸道畅通。

（3）对接触中毒者，要用水彻底清洗污染部位，一般要清洗 20min（天冷时用温水）。

3. 保护重要器官 对心跳停止者，应立即进行复苏疗法，如胸外按摩，促使心搏恢复；对呼吸停止者，应尽快做人工呼吸，可能时给予吸氧。

对神志不清的患者，应将其头部偏向一侧，防止呕吐物进入气管，保持呼吸道畅通。

眼睛接触毒物时，要迅速用清水冲洗。

4. 对症治疗 在采取紧急措施的同时，应将患者迅速送往医院，进行对症治疗。

（二）园林叶部病害常用杀菌剂

1. 波尔多液

农药剂型：生石灰、硫酸铜和水配制而成的天蓝色胶状悬浮液，呈碱性。有效成分是碱式硫酸铜。有 3 种类型配比：石灰倍量式 1∶0.5∶(100～200)、石灰等量式 1∶1∶(100～200) 和石灰半量式 1∶2∶(100～200)。使用时根据植物对铜或石灰的忍受力及防治对象选择配比。

杀菌特点：广谱性保护剂，属于无机杀菌剂。

防治对象：对鞭毛菌亚门的真菌防治效果较好，但对白粉菌和锈菌防治效果差。

使用方法：直接喷雾，药效一般 15d 左右。

注意事项：应现配现用，不能储存。对易受铜素药害的桃、李、梅等，可配石灰倍量式；对易受石灰药害的葡萄等，可配石灰半量式。在植物上使用波尔多液后一般间隔 20d 才能使用石硫合剂，而喷施石硫合剂后一般间隔 10d 才能喷施波尔多液。

2. 百菌清

农药剂型：商品名称为达克宁。50%、75%可湿性粉剂，40%悬浮剂，2.5%、10%、30%烟剂，5%、25%颗粒剂。

杀菌特点：杀菌范围广，具有预防和治疗作用，耐雨水冲刷。

防治对象：对霜霉病、白粉病、锈病等各种叶斑病具有较好的防治效果。

使用方法：使用 75%可湿性粉剂配成 500～800 倍液或用 40%悬浮剂配成 500～1 200 倍液喷雾。

注意事项：对人畜低毒。对皮肤、黏膜有刺激作用，不能与强碱药物混用。

3. 代森锰锌

农药剂型：商品名称为速克净。70%可湿性粉剂，25%悬浮剂。

杀菌特点：广谱性保护剂。

防治对象：对霜霉病、炭疽病等各种叶斑病有效。

使用方法：使用 25%悬浮剂配成 1 000～1 500 倍液喷雾。

注意事项：对人畜低毒。使用时不能与含铜制剂及碱性农药混用。

4. 炭疽福美

农药剂型：80%可湿性粉剂。

杀菌特点：保护和治疗作用。

防治对象：对霜霉病、白粉病、晚疫病、炭疽病等防治效果好。

使用方法：使用80%可湿性粉剂配成500～600倍液喷雾。

注意事项：对人畜低毒。使用时不能与含铜制剂及碱性农药混用。贮藏时要注意防潮。

5. 多菌灵

农药剂型：10%、25%、50%可湿性粉剂。

杀菌特点：广谱性内吸性杀菌剂，具有保护和治疗作用。

防治对象：对斑枯病、灰斑病、炭疽病等子囊菌和半知菌亚门的真菌防治效果好。

使用方法：使用50%可湿性粉剂配成500～1 000倍液喷雾。

注意事项：对人畜低毒。对人的皮肤、眼睛有一定刺激作用，要注意安全使用。本品不能与碱性药物混用。

6. 三唑酮

农药剂型：商品名称为粉锈宁、百里通。15%、25%可湿性粉剂，20%乳油，10%烟雾剂。

杀菌特点：高效内吸性杀菌剂，具有保护和治疗作用。

防治对象：对白粉菌、锈菌的防治效果极佳。

使用方法：使用50%可湿性粉剂配成1 000～1 500倍液喷雾或用25%可湿性粉剂配成2 000～3 000倍液喷雾，每隔15d喷一次，连续喷2～3次。

注意事项：对人畜低毒。使用时注意喷药要均匀。

7. 甲霜灵

农药剂型：商品名称为瑞毒霉、灭霜灵。25%可湿性粉剂，40%乳油，5%颗粒剂。

杀菌特点：内吸性传导型杀菌剂，耐雨水冲刷。具有保护和治疗作用。

防治对象：对卵菌纲中的霜霉菌和疫霉菌具有选择性特效。

使用方法：使用25%可湿性粉剂配成500～800倍液喷雾或5%可湿性粉剂按20～40kg/hm^2进行土壤处理。

注意事项：对人畜低毒。单独使用易使病菌产生抗药性，可与杀螨剂等混合使用，但要随配随用。

8. 多抗菌素

农药剂型：商品名称为宝丽安。5%、10%可湿性粉剂。

杀菌特点：广谱杀菌，具内吸性，可抑制病菌产生孢子和病斑扩大。

防治对象：对灰霉病、叶斑病防治效果较好。

使用方法：使用5%可湿性粉剂配成300～500倍液喷雾或用10%可湿性粉剂配成1 000～1 500倍液喷雾。

注意事项：对人畜低毒。使用时最好和其他杀菌剂交替使用，不可与碱性农药混用。

七、任务训练

（一）知识训练

1. 单选题

（1）在切花月季生产中一般夏季应将大棚内的白天温度控制在（　　）。

A. 22～24℃　　B. 24～26℃　　C. 26～28℃　　D. 28～30℃

（2）（　　）措施不能降低棚内温度。

A. 通风换气　　B. 地面洒水　　C. 覆盖遮阳网　　D. 补充光照

（3）大棚内湿度大于（　　）时易诱发切花月季病害。

A. 40%　　B. 60%　　C. 80%　　D. 90%

（4）喷洒杀菌剂最好选择在（　　）进行。

A. 凌晨　　B. 上午　　C. 下午　　D. 黄昏

（5）波尔多液呈（　　）色。

A. 无　　B. 棕红　　C. 蓝　　D. 白

（6）只有保护作用而无治疗作用的杀菌剂是（　　）

A. 多菌灵　　B. 三唑酮　　C. 代森锰锌　　D. 甲霜灵

2. 判断题

（1）（　　）在切花月季生产中，春季应将大棚内的夜间温度控制在10～12℃。

（2）（　　）棚内加温设备是提高棚内温度的主要方式。

（3）（　　）常规喷雾要求药液量以叶面充分湿润但不流失为宜。

（4）（　　）农药中毒的症状一般表现为恶心呕吐、呼吸障碍、心搏骤停、昏迷、痉挛、疼痛等。

（5）（　　）对心跳停止者，应立即进行人工呼吸，可能时给予吸氧。

（6）（　　）对接触中毒者，要用水彻底清洗污染部位，一般清洗10min。

（7）（　　）农药主要通过皮肤、呼吸道、口和血液进入人体引起中毒。

3. 填空题

（1）切花月季生产最适宜的生长发育温度是白天（　　），夜间（　　）。

（2）切花月季萌芽和枝叶生长期需要的相对湿度为（　　），开花期为（　　）。

（3）对口服中毒者，要迅速根据患者具体情况，进行（　　）、（　　）、（　　）等措施去除污染物。

（4）波尔多液是由（　　）、（　　）和水配制而成的天蓝色胶状悬浮液，呈碱性。

4. 问答题

（1）控制棚内湿度的措施有哪些？

（2）购买农药时要做到的“四注意”是什么？

（3）发生农药中毒时应采取哪些措施加以急救？

（二）技能训练

任 务 单

任务编号	3-4
任务名称	果树叶部病害药剂防治
任务描述	果树叶部病害防治主要以栽培技术措施为主，严重时辅以药剂防治。鉴于果树叶部病害有大面积蔓延趋势，需要喷洒杀菌剂来防治果树叶部病害
计划工时	4
完成任务要求	1. 药剂防治计划制定科学合理可行； 2. 农药制剂用量和水量计算准确； 3. 称量用具要有计量刻度标记； 4. 称取农药试剂及稀释用水准确； 5. 药液配制均匀； 6. 检查喷雾器各部件齐全，无漏水漏气； 7. 按照农药操作规程，熟练进行常规喷雾； 8. 对使用药械进行常规养护； 9. 对剩余药液进行妥善处理
任务实现流程分析	1. 拟定农药防治计划； 2. 准备农药配制施用所需器械、用具； 3. 计算农药用量和水量； 4. 称量农药制剂和稀释用水； 5. 药液配制； 6. 检查喷雾器械； 7. 按操作规程常规喷雾； 8. 处理剩余药液； 9. 药械养护
提供素材	杀菌剂、喷雾器、水桶、量具、铁锹等

实 施 单

任务编号	3-4
任务名称	果树叶部病害药剂防治
计划工时	4
实施方式	小组合作□　独立完成□
实施步骤	

任务考核评价表

<table>
<tr><td>任务编号</td><td colspan="5">3-4</td></tr>
<tr><td>任务名称</td><td colspan="5">果树叶部病害药剂防治</td></tr>
<tr><td rowspan="16">考核要点</td><td>考核内容
（主要技能点）</td><td>标准分
（100）</td><td>自我评价</td><td>小组评价</td><td>教师评价</td></tr>
<tr><td>制定防治计划</td><td>10</td><td></td><td></td><td></td></tr>
<tr><td>准备所需药械、用具</td><td>5</td><td></td><td></td><td></td></tr>
<tr><td>计算农药用量</td><td>5</td><td></td><td></td><td></td></tr>
<tr><td>计算水量</td><td>5</td><td></td><td></td><td></td></tr>
<tr><td>称量农药制剂</td><td>5</td><td></td><td></td><td></td></tr>
<tr><td>称取稀释用水</td><td>5</td><td></td><td></td><td></td></tr>
<tr><td>配制药液</td><td>10</td><td></td><td></td><td></td></tr>
<tr><td>检查喷雾器械</td><td>10</td><td></td><td></td><td></td></tr>
<tr><td>常规喷雾</td><td>10</td><td></td><td></td><td></td></tr>
<tr><td>药械养护</td><td>5</td><td></td><td></td><td></td></tr>
<tr><td>处理剩余药液</td><td>5</td><td></td><td></td><td></td></tr>
<tr><td>工具清理返还</td><td>5</td><td></td><td></td><td></td></tr>
<tr><td>工作态度</td><td>5</td><td></td><td></td><td></td></tr>
<tr><td>小组工作配合表现</td><td>10</td><td></td><td></td><td></td></tr>
<tr><td>问题解答</td><td>5</td><td></td><td></td><td></td></tr>
<tr><td>总评成绩</td><td colspan="2"></td><td></td><td></td><td></td></tr>
<tr><td>综合成绩</td><td colspan="5">任课教师（签字）：
年　月　日</td></tr>
</table>

项目小结

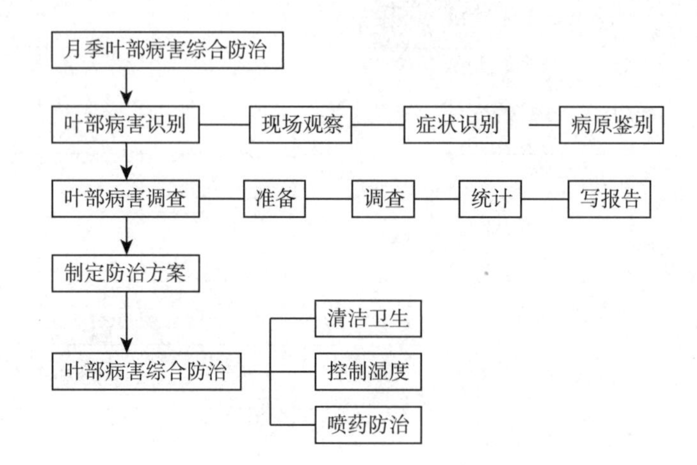

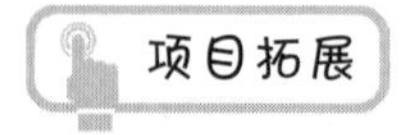
项目拓展

一、知识拓展

（一）茎干病害

1. 茎干病害发生特点 引起茎干病害的病原几乎包括了生物性病原和非生物性病原等各种因素。如真菌、细菌、寄生性种子植物和茎线虫等生物病原均可引起花木的茎干病害，并以真菌病害为主。非生物病原中如高温引起日灼病，低温引起冻裂伤和枯梢等较为常见。

茎干病害的症状类型主要有腐烂及溃疡、枯枝、肿瘤、丛枝、萎蔫等。不同类型的茎干病害，发展严重时均能导致茎干的枯萎死亡。

引起茎干病害的病原物主要在感病植物的病斑内、病残体上、转主寄主体内及土壤内越冬，病原物的侵染途径因其种类而异。真菌和细菌大都通过茎干表面的各种伤口、坏死的皮孔侵入寄主，如板栗疫病病菌通过嫁接伤口侵入，落叶松癌肿病多与冻害有关，苹果轮纹病和杨树溃疡病病菌多从树干上的皮孔侵入；寄生性种子植物直接穿透茎干皮层组织侵入寄主。

茎干病害的病原物多借风雨和气流传播，如皮层腐烂和溃疡病的病原；松材线虫及某些真菌可借昆虫介体传播；寄生性种子植物可由土壤或鸟类传播；带病植株和鳞茎、球茎等繁殖材料是病害远距离传播的媒介。

茎干病害的潜育期通常较叶花果病害长，一般在半个月以上，少数可长达1～2年或更长。腐烂病和溃疡病还有潜伏侵染的特点。

茎干病害一般在植物生长势较弱的情况下较易发生，如杨树溃疡病多在早春表现症状，而进入初夏后，树木生长进入旺盛时期，病害逐渐停止扩散。

2. 茎干病害防治技术要点 园林植物茎干病害的防治常因病原物的习性与病害的特点

而异，通常可采取以下措施进行防治。

（1）消除侵染来源。剪除病枝，拔出病株，铲除枝干锈病的转主寄主，建立无病苗圃是减少和控制侵染来源的重要手段。消灭介体昆虫也是极其重要的。

（2）改善养护管理措施，增强花木生长势，提高抗病力。对于一些茎干病害，如腐烂病、溃疡病及因气温不适而引起的日灼和冻伤，改善养护管理措施（如冬季进行树干涂白、避免茎干冻伤），防治钻蛀害虫，减少虫伤等都是行之有效的防治措施。

（3）药剂防治。可用化学药剂和生物制剂涂刷病斑，通常先刮除病部组织再行涂药。少数珍贵的木本植物还可采用注射药液的方法。

（4）选育抗病品种。我国园林植物种类及品种繁多，在自然界中存在很多抗病性较强的品种和类型，在茎干病害的防治上，选育和种植抗病品种是很有前途的。如木麻黄青枯病、泡桐丛枝病，松干锈病等茎干病害的抗病育种工作均已取得成效。

（二）根部病害

1. 根部病害发生特点 园林植物根部病害是指感染部位在根部及根茎部位的一类病害，如白绢病、根腐病、根癌病、根线虫病、猝倒病和立枯病。根部病害的种类虽不如叶部病害、茎干病害的种类多，但其所造成的危害往往是毁灭性的。染病的幼苗几天内即会死亡，幼树在一个生长季节便会枯萎，大树几年后也会死亡。

根部病害的症状类型可分为：根部皮层腐烂，并产生白色菌丝、菌核和菌索；根部出现瘤状突起；病原物从根部侵入，在维管束定植引起植株枯萎；根部或干基部腐朽并可见大型子实体等。植物的地上部分常表现为叶色发黄、叶变小、提早落叶、植株矮化等病状。

引起根部病害的病原主要有两类，一类属于非生物性病原，如土壤积水、施肥不当、土壤酸碱度不适宜；另一类属于生物性病原，主要有真菌、细菌、线虫，这类病原大多属于土壤习居菌或半习居菌，由于病原的寄主范围广，腐生能力强，一旦在土壤中定植下来就难以根除。

引起根部病害的病原主要在土壤、病残体和球根上越冬。病原传播主要靠雨水、灌溉水、病根与健根间的相互接触，而远距离的传播主要靠种苗的调拨。根部病害的侵染途径主要是通过根部的伤口或直接穿透表皮层而侵入根内。根部病害的潜育期长短不一，一般来说，侵染一、二年生的草本植物时潜育期短些，而侵染多年生的木本植物时潜育期长些。

根部病害的发生往往与土壤的理化性质有关，一般土壤积水、土质黏重、有机质含量低、微量元素缺乏及土壤酸化等因素可导致植物生长不良，从而加重侵染性病害发生。

2. 根部病害防治技术要点 根部病害的防治较其他病害困难，因为根部病害早期不易被发现，容易失去早期防治的机会。另外侵染性根部病害和生理性根部病害常常容易混淆，在这种情况下，要采取针对性的防治措施是尤为困难的。

选择适宜植物生长的土质条件及改良土壤的理化性状，是防治根部病害的根本性预防措施。

严格实施检疫、病土消毒、球根挖掘及栽植前的处理是减少根部病害初侵染源的重要措施。加强养护管理，提高植物的抗病能力对根部病害也有明显的防治效果。

利用菌根和木霉菌防治猝倒病、白绢病，利用放射性土壤杆菌（细菌）防治根癌病是根部病害生物防治的成功案例。

二、技能拓展

任 务 单

任务编号	3-5
任务名称	园林景观绿化带病害防治
任务描述	为突出园林专业特色，结合“花园式星级学校”建设项目，某学校在运动场北侧，马兰湖小游园的南侧创建了面积约 1 000m^2 的园林景观绿化带，绿化带采用独具特色的模纹式设计，为保持其优美的景观效果，必须对其病害实施有效防治
计划工时	课外完成
完成任务要求	1. 能正确识别常见叶部病害、茎干病害和根部病害； 2. 能采用正确的调查方法对景观绿化带病害发生情况进行调查并对病害发生趋势做出初步判断； 3. 能制定出合理的综合防治措施； 4. 能对景观绿化带实施有效的防治措施，达到减轻病害危害的目的
任务实现流程分析	1. 病害种类识别； 2. 病害实地调查； 3. 制定综合防治方案； 4. 实施病害防治措施
提供素材	放大镜、镊子、剪枝剪、显微镜、水桶、杀菌剂、喷雾器等

实　施　单

任务编号	3-5
任务名称	园林景观绿化带病害防治
计划工时	课外完成
实施方式	小组合作□　独立完成□
实施步骤	

任务考核评价表

任务编号	3-5				
任务名称	园林景观绿化带病害防治				
考核要点	考核内容 （主要技能点）	标准分 （100）	自我评价	小组评价	教师评价
	病害种类识别	10			
	病害调查方法	10			
	病害调查结果	10			
	病害防治措施选择	10			
	病害综合防治方案	10			
	病害防治措施实施	20			
	病害防治效果	10			
	工作态度	5			
	小组工作配合表现	10			
	问题解答	5			
总评成绩					
综合成绩	任课教师（签字）： 年　月　日				

参考文献

黄少斌，2006. 园林植物病虫害防治［M］. 北京：高等教育出版社.

李清西，钱学聪，2002. 植物保护［M］. 北京：中国农业出版社.

农业部人事劳动司农业职业技能培训教材编审委员会，2004. 农作物植保员［M］. 北京：中国农业出版社.

徐明慧，2002. 园林植物病虫害防治［M］. 北京：中国林业出版社.

张连生，2007. 北方园林植物常见病虫害防治手册［M］. 北京：中国林业出版社.

图书在版编目（CIP）数据

园林植物保护技术 / 张雅玲，张伟主编. —北京：中国农业出版社，2020.12

国家示范性职业学校项目化精品系列教材

ISBN 978-7-109-19501-1

Ⅰ.①园… Ⅱ.①张… ②张… Ⅲ.①园林植物—植物保护—中等专业学校—教材 Ⅳ.①S436.8

中国版本图书馆 CIP 数据核字（2014）第 182243 号

中国农业出版社出版

地址：北京市朝阳区麦子店街 18 号楼

邮编：100125

责任编辑：王 斌

版式设计：杜 然 责任校对：周丽芳

印刷：中农印务有限公司

版次：2020 年 12 月第 1 版

印次：2020 年 12 月北京第 1 次印刷

发行：新华书店北京发行所

开本：787mm×1092mm 1/16

印张：8.75

字数：240 千字

定价：33.00 元
